U0283374

2024 年主题出版重点出版物

喜马拉雅的
种子

曲丽萍　杨凯迪——著

人民邮电出版社
北京

图书在版编目（CIP）数据

喜马拉雅的种子 / 曲丽萍，杨凯迪著. -- 北京 ：

人民邮电出版社，2024. -- ISBN 978-7-115-65650-6

Ⅰ．Q948.527

中国国家版本馆 CIP 数据核字第 2024BD8909 号

内 容 提 要

本书主要介绍了青藏高原珍稀的野生植物资源，揭示了它们在严酷的高原环境中为了生存与繁衍而焕发出的顽强生命力和为了适应环境所展现的令人惊叹的演化奇迹。全书共分为 6 章，介绍了喜马拉雅山脉的崛起及其植物种类的多样性，高原植物的生存智慧，以及高原植物与动物、人类紧密依存的关系，反映了高原人民与自然和谐互动、共存共生的美丽图景，展示了科学家和高原人民为践行当代生态文明理念和保护国家种质资源做出的努力。本书适合植物爱好者阅读，也适合对喜马拉雅山脉、青藏高原感兴趣的大众读者阅读。

◆ 著　　　　曲丽萍　杨凯迪

责任编辑　付方明　王　芳

责任印制　马振武

◆ 人民邮电出版社出版发行　　北京市丰台区成寿寺路 11 号

邮编　100164　电子邮件　315@ptpress.com.cn

网址　https://www.ptpress.com.cn

北京盛通印刷股份有限公司印刷

◆ 开本：889×1194　1/20

印张：15　　　　　　　　　2024 年 12 月第 1 版

字数：418 千字　　　　　　2024 年 12 月北京第 1 次印刷

定价：169.80 元

读者服务热线：(010)53913866　印装质量热线：(010)81055316

反盗版热线：(010)81055315

广告经营许可证：京东市监广登字 20170147 号

因为人类生存的需要，植物学成了人类最早进入研究的学科之一，中国也一直是这一学科研究的先行者，最为突出的植物学成就当数李时珍的《本草纲目》和吴其濬的《植物名实图考》。

喜马拉雅山脉和青藏高原是世界的第三极，植物多样性丰富但又很脆弱，为了生态和生物多样性的保护、可持续发展，我国植物学家目前正在牵头组织《泛喜马拉雅植物志》的编写，已经完成 9 卷册的出版。上海大学上海电影学院的同志拍摄了一部高质量的纪录片《喜马拉雅的种子》，又编写了一本通俗易懂的科普著作，我对他们辛勤的劳动和成功表示祝贺。他们不仅用一部影片、一本书去介绍生长在青藏高原的植物，而且通过极具高原特色的植物生态特征，探寻其生存和演化的规律。

《喜马拉雅的种子》一书图文并茂、深入浅出，很好地传播了科学知识。我们一方面需要传播知识，另一方面，也需要了解科学以及传播科学的精神，并由此而获得强大的自我认知提升的能力，这是我们和这个世界互动的最佳方式之一。

科学看似高深莫测，实际上科学就在我们身边。从一片飘落的树叶中领悟流体力学的原理，从鸟儿的迁徙中思考生态平衡的自然。科学就在一棵树、一朵花、一颗种子中间。科学蕴含着理解世界、改善生活的密码，也是提升自我、丰富人生的钥匙，我们每个人都可以用这把钥匙，打开一个又一个新世界。

《喜马拉雅的种子》是一个全新探索。在人迹罕至的高原上，无论壮美的高山大河，还是一粒细如尘埃的种子，都在创作者的视野之中，而且同等重要。这是对自然的致敬。

植物学家，中国科学院院士，第三世界科学院院士

洪德元

2024.12.02

序 2

种子里的科学

距今 6500 万～ 5000 万年前，印度板块和欧亚板块碰撞后陆地抬升，形成现今平均海拔 4000 余米的青藏高原，它被誉为"世界屋脊"、地球的"第三极"。青藏高原上不同区域在不同环境下发育出不同类型的植被，生活着极具特色和大量高原特有的植物种类。在喜马拉雅山脉南坡低海拔的热带雨林中有着丰富的树蕨，在高山流石滩岩石缝隙中生长着高大的塔黄和低矮的雪兔子，在山地、草原和草甸上分布有杜鹃花、报春花、绿绒蒿、马先蒿等高山花卉，种类繁多，五彩缤纷。青藏高原独特的自然景观和植物多样性长期吸引着科学家和爱好者前来探访。

《喜马拉雅的种子》摄制组在拍摄纪录电影的同时，也拍摄了大量精美的植物和菌物（地衣、真菌）图片，惊叹于高原上奇妙的植物多样性及其生存智慧，于是，择其中一些代表种类进行介绍，编写成书，以期让更多的读者能够了解青藏高原独特的生态环境和物种多样性。《喜马拉雅的种子》一书将带读者走近大地拓荒者——地衣，古老的树蕨，高大的松、柏，驰名中外的高山花卉杜鹃花、绿绒蒿和马先蒿，高寒严酷生境下的垫状植物和冰缘流石滩植物，以及干旱荒漠植物胡杨、柽柳等。

一般植物图书多注重介绍一个地区的植物种类组成，描述其分类、形态和地理分布等属于植物分类学专业的知识。《喜马拉雅的种子》在分类学的基础上，吸收相关文献资料的研究成果，以较大篇幅介绍植物的形态和在生态适应性上的特点，让读者了解到更多分类学研究之外的科学知识。书中前 5 章均配有讲解视频，视频中介绍的一些有趣的植物形态和结构特点，以及不同植物种类适应环境的生存智慧，无疑能够激发植物爱好者的兴趣和探索植物奥秘的科学憧憬。

中国科学院植物研究所暨国家植物园研究员

张宪春

2024.12.5.

序 3

我们每个人都是播种者

从 2017 年夏天钟扬教授来到上海大学上海电影学院（以下简称上海电影学院）交流纪录片创作构想，到如今已有 7 年时间了。

钟扬是复旦大学生命科学学院教授，长期致力于生物多样性研究与保护，率领团队在青藏高原为国家生物种质资源库收集了数千万颗植物种子，他艰苦援藏 16 年，足迹遍布西藏最偏远、最艰苦的地方，为西部地区少数民族人才培养、学科建设和科学研究做出了重要贡献。当时钟扬教授希望能与上海电影学院合作，拍摄一部反映他带着学生在青藏高原采集种子的纪录片，我们也是从他的口中得知青藏高原植物的神奇以及中国科学家为此做出的艰辛努力，最终大家一致决定拍摄一部科学探索纪录片，以期展现青藏高原植被的多样性和中国科学家的献身精神，同时反映中国在生态保护和为全人类保护种质资源方面取得的巨大成就。

纪录片的筹备工作才刚刚开始，钟扬教授因车祸永远地离开了我们。斯人已逝，音容笑貌宛在眼前。我们认为，最好的纪念就是继承他的遗志，完成他的遗愿。

2019 年上海电影学院派出曲丽萍老师率领的师生创作团队，联合社会资深的有丰富生态影像制作经验的人士，共同完成了《第三极之植物王国》纪录片和《喜马拉雅的种子》纪录电影的拍摄与制作。前者参加了包括戛纳、威尼斯等国际电影节的推广与展映，入围了多个纪录片节/赛，并在中央广播电视总台纪录频道、凤凰卫视中文台/欧洲台/美洲台、上海广播电视台纪实人文频道等多个电视频道播出，还译成多种语言通过中国国际电视台实现了全球播出。后者从 2025 年起除了将在国内院线发行，还将进入国际主流电影电视平台进行更广泛的传播。这两部纪录片，是中国第一次由专业人士用影像的方式全面记载青藏高原的植被，也是第一次对青藏高原的植物进行系统的国际化宣传。

上海电影学院以"学院即是片场，艺术融合技术"为办学宗旨，培养艺术与技术相融的复合型人才，同时，也关注新技术对影像生产的影响，一直在影视技术前沿进行探索与尝试，并推出一系列跨学科的前锋影像。上海电影学院在纪录片领域已深耕多年，这两部纪录片得到了上海大学的全力支持，既代表了学院的制作水平，也体现了上海大学践行社会责任的能力与担当。《喜马拉雅的种子》纪录电影也得到了上海文化发展基金的大力支持，以及植物学、社会学等诸多领域专家的指导。《喜马拉雅的种子》这本书的编辑出版，历时近 3 年时间，全书资料翔实，图文并茂，还有创作团队的拍摄手记等，倾注了作者的心血，希望能够为青藏高原的生态建设出一份力，也希望能为中国青少年科普教育尽一份心。

钟扬教授在上海海滩种下的红树林仍在茁壮生长，青藏高原的种子也在年年萌发。在尊重自然、关爱生态的征程中，我们每个人都是播种者，而希望的种子总在萌发。

上海大学上海电影学院院长

2024.10.28

前 言

喜马拉雅的种子
——种下因 结出果

2019 年春天，我披着借来的大衣，站在寒冷的中国西南野生生物种质资源库的储存室里，看着满架陈列的大小、形状、色彩各异的种子时，还没想到自己会与种子结下不解之缘。5 年来虽与这个项目时时相伴，生活貌似一成不变，但我对这个世界的认知却在悄然改变。

青藏高原是世界上最艰苦的栖息地之一，在这里每一粒种子的萌发都需要超常的智慧、超凡的毅力和极致的耐心。中华民族也是世界上最坚韧的民族，每一粒种子、每一片茶叶都是向大自然索取、妥协的结果。

我们用镜头忠实地记录这一切，十几次进入青藏高原，最多时 3 个摄制组同时拍摄，途经我国青海、云南、四川、西藏等省（自治区），以及尼泊尔，行程数万千米，克服高原反应，背着沉重的器材，行走在高山流石滩、藏北无人区、雪山与冰川、荒原与沙漠，追录着一棵树、一株草、一片叶、一朵花，探寻生存的极限，追着生命的价值，然后才有了《第三极之植物王国》纪录片和《喜马拉雅的种子》纪录电影。

每一种植物的生存都是一部默默的奋斗史。它们寂寞生长，开花结果，为生存而努力，为繁衍而奋斗。它们生活在世界上最高的高原，注定有着自己独特的生活方式与命运。除了纪录影像，我们还力争用故事化的方式通俗易懂地向读者介绍它们平凡而与众不同的一面，于是就有了《喜马拉雅的种子》这本书。

种下因，结出果。

感谢何小青教授的大力支持，举上海大学上海电影学院全院之力来支持纪录片的拍摄与制作。

感谢秦博、唐欣荣、刘佳、朱世俊几位导演以及摄制组的全体成员，他们的努力，使这些植物在青藏高原的奋斗历程得以在全球范围内被传播。

感谢洪德元、张宪春、张挺、陈高、张林、李建国、土艳丽、刘成等植物学界的研究人员，是他们让这些隐藏在植物背后的故事一点点浮现出来，他们是故事真正的讲述者。洪德元院士年事已高，但只要一提到植物，提到《泛喜马拉雅植物志》，眼中就有光。中国科学院研究员张宪春对本书进行了逐字逐句审校，核对所有种属，经常一种植物对照图片要反复确认多次，保证了本书的科学性。中国西南野生生物种质资源库的种子采集员张挺、刘成这样的年轻一代，在野外四处奔波，让一粒粒种子以更科学的方式进入种质库，我们不仅感受到生态的安全，更看到中国的植物学研究后继有人。

感谢两位制片人申延波和杨凯迪。申延波用 5 年的时间跟随这个项目，从事过这部纪录影片拍摄制作绝大多数岗位的工作，勤勤恳恳，任劳任怨，随叫随到，没有他的极致努力与艰辛付出就没有这部纪录影片的顺利完成。从影像到文字，杨凯迪查阅了大量的资料，核对信息与图片，与专家沟通，没有她的坚韧与耐心就没有这本书的顺利出版。

感谢为本书进行资料收集的李玲、韦龙、纪佩瑶、郎哲、何金忆、邬诗洋等同学。

同时，我们也深切怀念那些已离我们而去的专家、朋友。摄影师吴元奇敦厚的形象还宛在眼前，他在追求极致光影之美的路上离我们远去了。

复旦大学的钟扬老师，虽从未谋面，但他是这部纪录片的缘起，然后才有这本书的存在。

一念生，百花开。

纪录电影《喜马拉雅的种子》总制片人、总撰稿

曲向萍

2024. 10. 08.

目　录

第三章

植物与动物·共生搭档

第五章

守护共同的未来

第六章

亲历者说

第一章

喜马拉雅　世界之巅

　　喜马拉雅山脉蜿蜒于青藏高原南部边缘，由东向西长约 2450 千米，横跨 7 个国家，是地球最高耸之处，世界上 14 座海拔 8000 米以上的高峰，有 10 座在这里，其中包括海拔 8848.86 米（2020 年数据）的世界第一高峰——珠穆朗玛峰。

　　和南北极一样，喜马拉雅拥有大量的冰川，是亚洲数条著名大河的发源地，滋养着人类的文明。

　　泛喜马拉雅地区被称为"世界之巅"，其范围包括喜马拉雅山、横断山、喀喇昆仑山和兴都库什山的一部分。作为地球的第三极，这里山高谷深、气候多变、环境复杂。极致的地形、地貌，孕育了独特而多样的植物。求生于极端的环境，这里的植物展现出令人赞叹的品性和智慧。

　　在这个世界上，如果你想要见识生命的脆弱，来喜马拉雅；如果你想要见识生命的坚韧，来喜马拉雅。

请扫码观看本章精彩视频

1.1
年 轻 山 脉 的 崛 起

封存在化石中的植物历史

在中国科学院南京地质古生物研究所的标本馆里，收藏着世界上种类最多、门类最齐全的喜马拉雅地区古生物化石。化石，默默地记录着这里的历史。

右边两幅图展示的都是鹦鹉螺化石，一种海里的动物的化石，它所保存的层位，大概相当于珠穆朗玛峰最顶部的灰岩的层位。自 1966 年开始，中国的古生物学家在喜马拉雅地区开展科考活动，发现了大量海洋生物的化石。这些生物存活的时代，一直延续到 4000 万年前的始新世。这些化石的存在，表明了喜马拉雅地区直到 4000 多万年前还是一片海洋。

科研人员还通过研究一种微体化石——古代植物的孢子与花粉化石来解读这里的历史。微体化石比植物的

上图、下图：鹦鹉螺化石

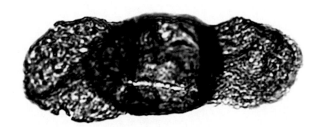

上图依次：双壳类动物化石、菊石化石

——

中图：显微镜下的微体化石

——

下图：珠穆朗玛峰

茎秆或者叶保存下来的概率要大，保存的植被的信息也更全。科研人员已经通过对微体化石的研究建立起了相对连续的植物演化历史。

孢子与花粉化石虽然个体小，要借助显微镜才能看得见，但是数量巨大，而且更容易在地层中留存。古生物学家们通过研究产自西藏南部的孢子与花粉化石，发现有些植物并非起源于欧亚大陆，而是来自遥远的南半球。

板块运动形成了山脉

喜马拉雅山脉是板块运动的结果，这里原本是一片古老广阔的海洋。根据目前的研究结果，2亿多年前，地球的南半球有一片古老的大陆，叫冈瓦纳古陆。后来，古陆分裂，印度板块与非洲、南美洲等板块分开，带着有南半球特征的生物向北漂移。经过数千万年的移动，最终印度板块与欧亚板块相遇，海洋从青藏高原退出。随着印度板块的持续挤压和抬升，喜马拉雅山脉逐渐形成，这便是"喜马拉雅造山运动"。

这是一片年轻的高山，时至今日，印度板块仍在继续向欧亚大陆的南缘俯冲挤压，使得喜马拉雅山脉也在持续抬升中。

1.2
全球生物多样性
热点地区

物种丰富多样

伴随着高山的成长，经历了千万年的岁月，这里的植物群落发生着惊人的演化，生物多样性极其丰富。

作为世界上最高的山脉，拥有最完整的植物垂直分布带，这是喜马拉雅生物如此丰富的成因之一。不同的海拔有不同的气候，植物演化出不同的形态，从而呈现不同的景观。高山的植物垂直分布带，从下往上，大概可以分为阔叶林带、针阔混交林带和针叶林带。当越过"树线"，树木消失，则是灌丛和高山草甸。海拔继续向上，就是"高山流石滩"，雪线之下最后的植被带。

泛喜马拉雅地区植物种类的密度，每平方千米达 118 种，是北美洲的 15 倍、欧洲的 12 倍。保护国际基金会（CI）曾经评估过全球生物多样性的热点地区，一共评出 34 个，在泛喜马拉雅地区就有 3 个，差不多占了 1/10。

复杂多变的高山生态，也同时造就了各种独特的植物。昔日的海底是如何成为植物王国的，喜马拉雅地区到底还有多少未知的物种，这是全球植物学家关注的焦点。

科学家携手研究

2010 年，来自世界各地的科学家开展合作，编纂《泛喜马拉雅植物志》，计划出版 50 卷 80 册，用 20 年时间完成。中国著名植物学家、中国科学院植物研究所洪德元院士担任全书的主编，他介绍道："泛喜马拉雅地区，从海拔只有 50 米的尼泊尔东南角，到两国交界的珠穆朗玛峰，直线距离大概不到 200 千米，那么短的距离却有极大的高差。低海拔地区，还有很多是热带的东西，然后到亚热带、温带、寒温带，再到冻土层，植被的垂直带非常明显，这是世界上最完整的垂直带，世界上别的地方没有。"

上图：洪德元院士

　　印度板块不远万里与欧亚板块相遇，它们之间的物种融合，也是泛喜马拉雅地区生物多样性的成因之一，使这里成为举世瞩目的植物研究热点地区。

　　洪德元院士说："这个地区的地形、地貌、高山、峡谷非常奇特，高山植物也特别丰富，有一部分植物是印度板块从非洲带来的。究竟哪些植物是从非洲带来的，带来以后对整个地区的植物有什么影响，我想这也是全世界的植物学家都想要深入研究的问题。"

　　据目前的记录估计，泛喜马拉雅地区植物种总数约 2 万种，其中中国境内约有 1.3 万种，约占中国植物种数的 43%。

　　但是，这个地区的生态也极度脆弱，在全球气候变化和人类活动的双重影响下，其植物多样性面临断崖式下滑的风险。

第二章

植物与自然 · 生存智慧

寒冷、空气稀薄、土壤贫瘠、昼夜温差大，喜马拉雅地区的生存环境并不友好。随着海拔升高，植物越来越少，生长也越来越困难。能在这样的条件下发芽开花的植物，无疑都是经过优胜劣汰自然法则选择后胜出的强者。

它们，是怎么做到的呢？

塔黄，优秀的"建筑师"，以苞片为屋瓦，层层叠叠，搭建起温暖的小屋，为自己成长为高原上的"巨人"保驾护航；

垫状植物，低调的生态"工程师"，匍匐在地，抱团取暖，既保护了自己，又守护了比自己更加弱小的生命；

全缘叶绿绒蒿，高山上的"花仙子"，它们迎风摇曳，高调绽放，只为吸引传粉昆虫的注意力，顺利繁衍；

马先蒿，种类繁多却喜欢群居，为了维持独特的个性，它们演化出不同的花朵形态，实现点对点精确传粉，确保了家族物种的多样化；

雪兔子，它的一身棉毛功不可没，这种自带的"棉袄"可以缓冲昼夜温差的变化，使其内部保持温度相对稳定的小环境，让它傲然屹立于高山之巅；

……

为了活下去，植物们奇招叠出，有的自建"温室"，有的身披"棉袄"，有的散发香气，有的充满异味……历经千百万年的演化，各自拥有了独特的生存策略。

请扫码观看本章精彩视频

2.1
地衣：生命禁区的
"拓荒先锋"

菌物名片

中文名：地衣

英文名：Lichens

分　类：地衣是一类特殊的生物有机体，它不是单一的植物体，是由一种真菌和一种藻高度结合的共生复合体

生长环境：多数地衣喜光，要求生存环境的空气新鲜。不耐大气污染，但耐寒和耐旱性很强

分布范围：地衣广泛分布于全球，常生活在岩石、树皮、土壤、砖墙的表面，因其特别能适应严酷的环境，故从极地到赤道，从高山到平原，从沼泽到沙漠均有分布。即使在其他植物不能生长的地方，也有地衣生存

王立松 ／ 供图

无畏禁区的生存强者

永久积雪带，高等植物已无法生存。但海拔 7000 米以上，仍有生命存在，它们就是地衣。

严格意义上来说，地衣不是植物，是一种低等生物，但它拥有人类遥不可及的生存智慧。极寒的南极大陆、高海拔强辐射的高原山地、干热到窒息的河谷荒漠……在这些人类认为的"生命禁区"中，地衣都能活得风生水起。

地衣是一种特殊的生物有机体，每种地衣都包含一种藻类和一种真菌，当两者建立起某种共生关系时，地衣就形成了。地衣由菌丝包裹着藻细胞构成，它几乎不需要从外界摄取养分，是一个完整的微型生态系统。地衣中的共生藻通过光合作用为菌类生长提供养分，共生菌同时又为藻类的生长提供了一个庇护场所，这样的方式类似于"人工养殖"，因此也有人将地衣称作"聪明的真菌"，因为它学会了"培养"藻细胞，为自己的生长提供养分。

地衣的智慧远不止此，在冰天雪地的高海拔地区，它能够从升华的冰雪中获取水分，利用没有冰雪覆盖的短暂时间进行光合作用；当完全被冰雪覆盖时，地衣便进入"休眠"状态，代谢产生抗冻蛋白来抵御寒冷；被强光照射时，它能自己产生"防晒霜"来抵御强光，避免损伤。

耐冻耐辐射，还能自给自足，地衣在恶劣的环境中找到了适合自己的位置，把"生命禁区"当成了自己的天堂。

在高原的岩石上，常常能看到一些红色、黄色、黑色和白色的斑块，它们就是地衣，虽然不起眼，但那可是极少数能在这类环境中存活的生物。一般来说，海拔越高，地衣的颜色就越鲜艳。看，这一大片一大片明丽的色块，五彩斑斓，经过它们的装扮，青藏高原成了天然的画板，越发神秘梦幻。

金黄衣

丽石黄衣

极端环境的拓荒先锋

　　地衣根据形态可分为 3 种类型：壳状地衣、叶状地衣和枝状地衣。无论是哪种形态的地衣，大多很不起眼，非常低调，但是它们在悄然改变着生存的环境，在植物演化过程中起着至关重要的作用。

左图：壳状地衣，金黄衣、丽石黄衣

右上图：叶状地衣，白腹地卷·张胜邦／供图

右下图：枝状地衣，中国树花·张胜邦／供图

每个地衣体都是一个独立的生态系统,当地衣在岩石表面定居以后,生长过程中产生的地衣酸能使岩石受到侵蚀逐渐破碎,加上自然的风化作用,土壤层逐渐在岩石表面形成。苔藓成为最先入住的"小伙伴",有了苔藓和地衣的共同努力,积累的有机物质越来越多,早期的腐殖土慢慢形成,为蕨类和其他高等植物创造出最基本的生长条件。因此地衣也被誉为"元老级先锋生物"和"荒漠的拓荒者"。

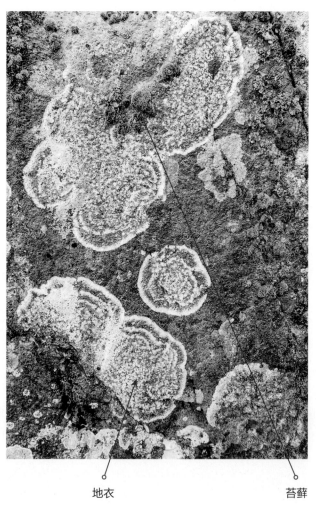

苔藓　　　　　　　　　　地衣　　　　　　　　地衣　　　　　　　　　　苔藓

左图:苔藓、地衣·王立松/供图

右图:苔藓、地衣·方震东/供图

作为先锋植物,地衣的忍耐力超常,它能忍受零下50摄氏度的严寒,还能承受70摄氏度的高温,在含水量低于5%的环境里依然可以生长。

地衣,凭借自己的顽强适应了它所生存的环境,也在极端环境中活出了自己的精彩。

地衣曾多次上太空完成"极限挑战"

2005年，欧洲航天局将地衣带上太空，承受真空、失重、温度剧烈变化、杀伤力极强的宇宙射线辐射等残酷条件的考验。15天后，地衣全部存活。

2007年，欧洲航天局又进行了类似的实验，他们将包括地衣在内的3种生物送进太空。10天后，仅有地衣活了下来，并且它的子囊孢子还能萌发！

2014年，欧洲航天局再次启动地衣遨游太空计划，采自南极的两种地衣被送上国际空间站接受考验。太空"旅行"18个月后回到地球，其中一种地衣——丽石黄衣活了下来，获得了"地球上最顽强生命"的美名。

不吃、不喝、抗寒、抗热、抗旱、抗辐射，还有什么生物能比地衣更适合上太空呢？说不准有一天，地衣会率先在火星安家，开拓自己的新天地，创造一个崭新的生命世界。

下图：生长在岩石上的地衣

「

雪 兔 子 ： 自 带 " 棉 袄 " 的
高 山 萌 宠

」

方震东 / 供图

植物
名片

中　文　名：绵头雪兔子
拉　丁　名：*Saussurea laniceps*
别　　　名：麦朵刚拉（西藏）、绵头雪莲花
分　　　类：菊科，风毛菊属
生长环境：海拔 3200 ～ 5280 米的高山流石滩
国内分布范围：四川、云南、西藏

中　文　名：水母雪兔子
拉　丁　名：*Saussurea medusa*
别　　　名：杂各尔手把（西藏）、夏古贝（西
　　　　　　藏）、水母雪莲花
分　　　类：菊科，风毛菊属
生长环境：海拔 3000 ～ 5600 米的多砾石山
　　　　　　坡、高山流石滩
国内分布范围：甘肃、青海、四川、云南、西
　　　　　　藏等地

中　文　名：槲叶雪兔子
拉　丁　名：*Saussurea quercifolia*
别　　　名：显脉雪兔子
分　　　类：菊科，风毛菊属
生长环境：海拔 3300 ～ 4800 米的高山灌丛草
　　　　　　地、流石滩、岩坡
国内分布范围：青海、四川、云南

穿"棉袄"的高山萌宠

海拔 4700 米的流石滩上，两株圆滚滚、毛茸茸的植物在风中摇晃，说它们是植物，其实更像两只摇头晃脑、憨态可掬的小兔子，它们叫雪兔子。

如果植物存在海拔鄙视链，那么雪兔子家族一定傲然屹立在鄙视链的顶端。

2011 年，我国学者在珠穆朗玛峰北坡海拔 6000 多米处采到了鼠曲雪兔子，这是迄今所知高等植物生存的极限高度。雪兔子的生存地域还有一个名字——高山冰缘带，这里是陆地生态系统中海拔最高的生境，位于高山草甸之上，永久雪线之下。越过高山冰缘带，便是永久积雪带，在那里就寻不到高等植物的踪影了。

在冰缘地带，植物为了生存演化形成了许多特殊的"身体"结构，比如"温室状结构""棉毛外衣"以及"垫状结构"等。作为最高纪录的保持者，雪兔子自有它的过人之处。它从上到下都被厚厚的白色绒毛包裹着，所以雪兔子又被称为"棉毛植物"。"棉毛"正是植物适应高海拔地区严苛生境进化出来的形态特征，像绵参、禾叶风毛菊也都是棉毛植物。

棉毛可以让植物内部空间充满空气，这种自带的"棉袄"能够缓冲温度的变化，一方面在白天减少水分蒸腾，防止强光的直接照射给植物体组织带来的灼伤；另一方面，又能防止生长季节夜间经常出现的负温冻害，缓冲剧烈变化的昼夜温差对植物体的影响。无论是强辐射的白天，还是温度骤降的夜晚，雪兔子内部都能保持相对温度稳定的小环境。另外，棉毛还可以减轻雨水对花粉的冲刷，使花粉的数量和质量得

上图：槲叶雪兔子

—

下图：水母雪兔子

到保证，从而提升繁殖的成功率。

雪兔子这一身棉毛看着萌萌的，其实隐藏的都是真本事。

关键时刻，使出"洪荒之力"

一身棉毛，适应高寒的气候只是雪兔子逆境求生的策略之一，为了生存，它还需要增加更多的本领。

繁衍，是高山植物的头等大事。在海拔4500米以上的高山流石滩上，熊蜂几乎是唯一可靠的传粉昆虫。为了吸引熊蜂的关注，雪兔子使尽浑身解数。

开花时节，必须得好好表现。作为菊科的成员，雪兔子的花也是由若干朵小花组成的头状花序，这些花序再组成一个半球形，覆盖在植株顶端。花朵虽小，集合在一起够明显了吧，要不，再让花期长一些，比如整个植株的花期

左图：棉毛植物，贡山蓟

——

右图：棉毛植物，鸢尾叶风毛菊

可以持续半个月以上，熊蜂总能看到一次吧。

如果这样还不够，那就再投其所好，熊蜂喜欢蓝紫色或者紫红色的东西，雪兔子便把花朵集中起来开出熊蜂喜欢的颜色。不仅如此，雪兔子的花还能散发出熊蜂喜欢的浓烈香味，比如鼠曲雪兔子的花带有肉桂味的甜香，而云状雪兔子的花的味道更像茴香味。

对于雪兔子而言，能让熊蜂帮忙的次数，一生只有一次。雪兔子是多年生草本植物，但由于生存环境恶劣，一生只开一次花，一旦种子成熟，就进入了生命的倒计时，期待着种子落地生根，开始生命的再一次萌发。

雪兔子：放过我吧！

尽管经受住了环境的严峻考验，雪兔子却逃不过人类的采挖。

由于生长环境特殊，种子萌发率低，植株生长缓慢，再加上盲目采挖，雪兔子的野生资源日益匮乏，亟须保护。

高原植物本就脆弱，生存不易，请手下留情！

左页图：水母雪兔子·王立松/供图

—

右页上图：水母雪兔子·方震东/供图

—

右页中图：槲叶雪兔子

—

右页下左图、下右图：水母雪兔子

塔黄：自建"温室"，守护众生

中文名：塔黄

拉丁名：*Rheum nobile*

别　　名：高山大黄

分　　类：蓼科，大黄属

生长环境：海拔 4000 ～ 4800 米的高山石滩及湿草地

国内分布范围：西藏喜马拉雅山麓、云南西北部

植物名片

高山流石滩上的"王者"

海拔 4000 多米，在雪线之下、高山草甸之上，有一片特殊的地形，绿色逐渐消失，露出光秃秃的山体。强烈的日照辐射，反复冻融的冰雪，使得地表的岩石风化，剥落成碎石，这就是"高山流石滩"，是环境条件最为恶劣的高山生态系统。这里年平均气温在零下 4 摄氏度以下，最热月的平均气温也不超过 0 摄氏度。砾石覆盖的山体几乎没有土壤，这里还会有高等植物的影子吗？

石缝中，钻出一棵幼苗。它在这片苦寒之地缓慢生长，直到积累起足够的能量，才最终长成高山植物中罕见的壮观形态——最高可达两米的"巨塔"，因此得名"塔黄"。

塔黄是多年生草本植物，作为高山流石滩上个头最高的植物，其成年植株高

左页图：开花的塔黄

—

右页上图：塔黄的幼苗

—

右页下图：塔黄的种子

1～2米。它的根状茎及根长而粗
壮，直径可达8厘米。每到冬季，
塔黄进入休眠期，地面上的叶子枯
死，肥厚的主根深入地下，把营养
储存起来。由于生长的环境特殊，
塔黄的生长极其缓慢，等到主根积
累的养分达到一定程度，塔黄开始
快速生长，两个月的时间就能长到
一两米高。它的茎单生不分枝，粗
壮挺直，支撑着塔黄如"巨人"般
屹立在高山流石滩上。

塔黄的花期在6～7月，9月结
果。关于塔黄多久开花，有很多种
说法，我国学者实地研究的结果是，
喜马拉雅山脉的塔黄生长速度并不相
同，最快的也要10年左右才能开花。

但有一点是植物学家的共识，
那就是塔黄一生只开一次花，每次
开花能结种上万颗。塔黄用尽毕生
的力量，只为最后的绚烂绽放，开
花结果，然后死亡。

塔黄的种子呈心状卵形，黑褐
色，干燥后的翅果非常轻薄，可以
随风飘扬，飞向远方，落地生根，
开始下一次生命。

苞片是保暖的"屋瓦"

幼时的塔黄，既不威武也不美丽，为了躲避凛冽的寒风，肥厚的基叶皱巴巴的，趴在地上，像极了日常生活中的大白菜。需要注意的是，幼苗时的塔黄基叶并不是绿色的，而是暗红色的，这种颜色会让动物们觉得它营养不良，没有食欲，所以避免了动物的啃食。基叶是塔黄的营养叶，叶面坑坑洼洼很不平整，这是为了增加光合作用面积才有的模样。这种默默无闻的模样要维持很多年，直到成年，塔黄的个子迅速上蹿，颜色由底部的绿色逐渐过渡到顶部的淡黄色，最终长成金碧辉煌的宝塔形状。

这是一株巨大的黄色的花吗？

走近了看，又不像是花，圆圆的、一片一片的，更像是黄色的叶子，难道是为了帮助塔黄增加光合作用面积，促进生长的叶子吗？

可是，植物学家解剖后发现，这些结构内并没有叶绿体，说明它们不是进行光合作用的器官。

它到底是什么呢？这种独特的结构既不是花，也不是叶子，它源于叶子，却在演化过程中演变出了新的功能。科学家们把这种变态叶称作"苞片"。

对于生长缓慢的高山植物来说，不会做那种出力又不讨好的事情。塔黄耗费大量的能量发育出如此壮观的苞片，对植物本身有什么意义呢？借助高山植物生态学理论的发展和研究手段的进步，研究人员发现：塔黄的苞片作用很大，它有效地保障了植物在严酷的高山环境中成功地开花结实。

苞片是半透明的，中心微鼓，向下悬垂包裹，

左页上图：开花前的塔黄

—

左页下图：塔黄幼苗与开花的塔黄

—

右页图：开花的塔黄

上面苞片的边缘紧紧贴着下面的苞片，就这样相互重叠，如同屋瓦，形成了一个小小的"温室"。白天，苞片能阻挡紫外线，让内部温度在光照下得以攀升，晴朗的正午，苞片内部可以增温 10 摄氏度以上。到了晚上，外部温度骤降，苞片的包裹，减缓了内部热量的散发，使"温室"内的温度明显高于外界。

苞片，成为塔黄适应高原环境最有效的工具。

苞片是花朵和种子的"守护神"

被精心呵护在"温室"里面的是塔黄的花序，苞片的层层包裹，不仅抵挡了外部的严寒，还阻挡了疾风骤雨的侵袭，这里成为塔黄花朵的温暖居所。即使在生存条件恶劣的高山流石滩，塔黄的小花依然可以安心地做"温室"里的花朵。

如果没有了苞片的保护，这些花朵的命运会怎样呢？科学家发现：人为去掉塔黄的苞片后，95%以上暴露在外面的花粉失去了活力。因为苞片内含有大量的类黄酮，这种物质能有效吸收和反射紫外线辐射，经过苞片的遮挡后，通常只有10%的紫外线能到达内部的花部器官。

合适的温度，为繁殖器官的正常发育提供了良好的条件。苞片在塔黄的开花期能明显促进花粉的萌发和花粉管的生长，从而加快受精的过程。花期过后，塔黄的苞片并不像其他植物（如鸽子树）的苞片那样立即脱落，而是保存到种子完全成熟。因为，植物的胚珠完成受精后，还需要经历一个漫长的过程才能成熟，

左页图：昆虫钻进塔黄的苞片内

右页左图：塔黄的果实

右页右图：塔黄的花朵

这个过程对外界环境条件依然非常敏感。苞片的增温作用为种子的发育提供了适宜的温度条件，有助于提高种子的产量。

从开花到结果，直至种子完全成熟，苞片是名副其实的"守护神"，是塔黄种群延续的"功臣"。

塔黄的药用价值

塔黄，其味酸、苦，性温；导泻，止吐。塔黄的藏药名为曲玛孜，入药历史悠久，具有清热解渴、除烦、泻黄水等功效，临床上主要用于治疗"水病"和肾水肿。在西藏地区，藏医常用其治疗当地常见的黄水病和培根病，疗效显著，深受当地人们青睐。

2.4
垫状植物：
将"低调"进行到底

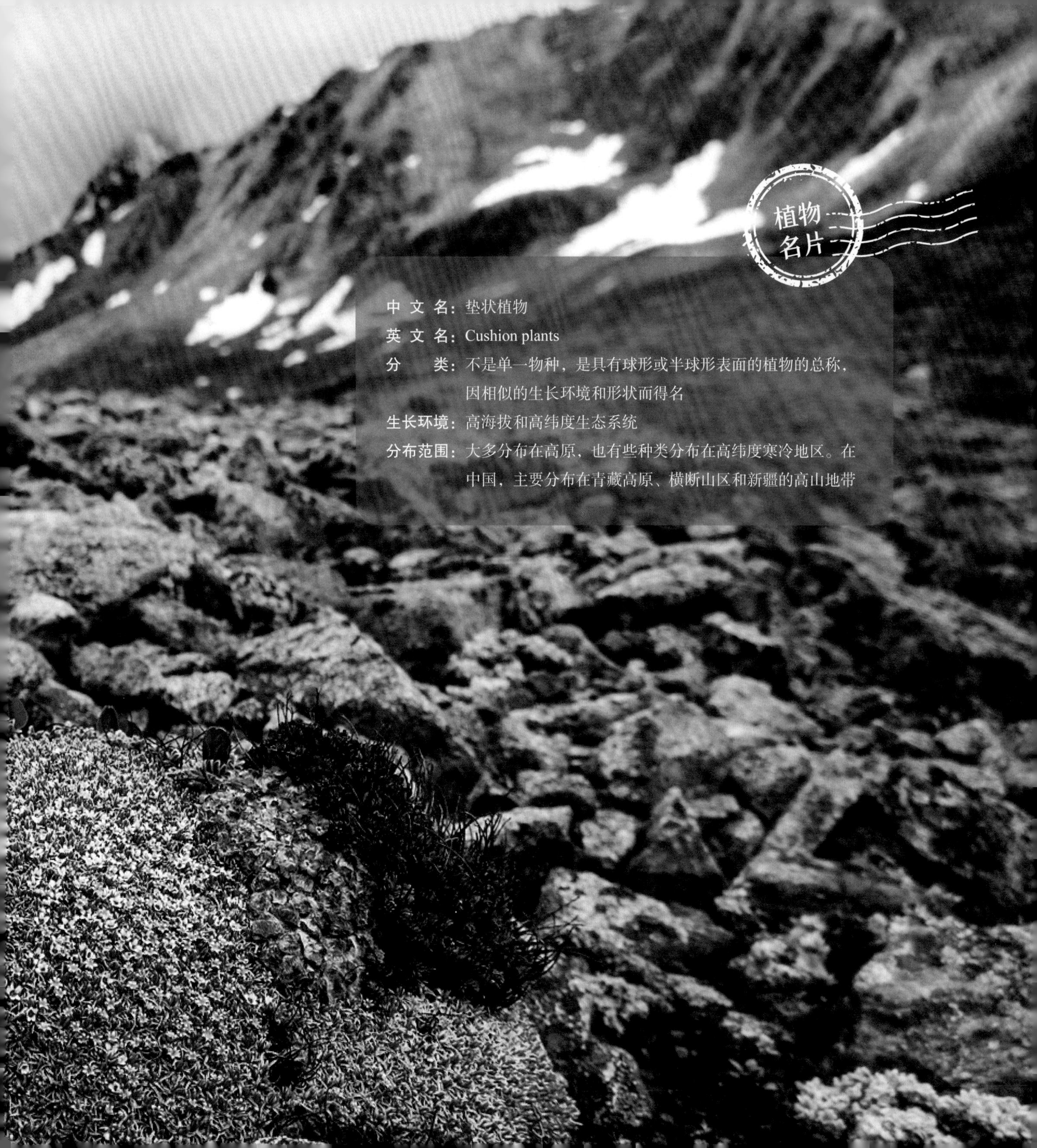

植物名片

中 文 名：垫状植物

英 文 名：Cushion plants

分　　类：不是单一物种，是具有球形或半球形表面的植物的总称，因相似的生长环境和形状而得名

生长环境：高海拔和高纬度生态系统

分布范围：大多分布在高原，也有些种类分布在高纬度寒冷地区。在中国，主要分布在青藏高原、横断山区和新疆的高山地带

植物
名片

中 文 名：垫紫草

拉 丁 名：*Chionocharis hookeri*

分 　 类：紫草科，垫紫草属

中 文 名：雪灵芝

拉 丁 名：*Eremogone brevipetala*

分　 类：石竹科，老牛筋属

匍匐生长，守护自己的生命线

当海拔超过 4000 米，山顶和垭口是狂风的走廊，似乎任何一点水分和温暖，都会在风的肆虐中消失殆尽。严寒、强风、土壤贫瘠、雨量稀少、无霜期短，面对恶劣的生存环境，大多数植物只能望而却步，逃之夭夭。想要在这样的环境中活下去，没点儿真本事可不行。

有一类植物，选择了极为明智的应对策略——保持低调。它们身材矮小，分枝紧紧地收拢在一起，匍匐着贴近地面生长，像一块块半球形的彩色垫子散落在高山砾石间，因此被称为"垫状植物"。为了生存，它们把低调做到了极致，没有明显的主茎，叶片细小，分枝密密匝匝地挤在一起，甚至有些垫状植物开的花也仅仅是点缀在垫状体表面，极少伸到外面去。因为一旦脱离了垫状体的保护，独自直面狂风和严寒，无论是花朵还是新叶，马上就能感受到生命的危机。

左页图、右页图：垫状植物

　　高山环境对植物的形态具有明显的影响，垫状是植物适应高山环境的典型形状之一，垫状植物质地结实紧密，柔软又富有弹性，有的还披着细密的绒毛，就像给岩石盖上了毯子，尽可能地让自己保持水分，减少散热。低矮圆滑的形态，就连呼啸的风也拿它没有办法了。正是这简单又独特的形状，成为垫状植物抗风、保温、保湿的有效手段，让它们成功在生命禁区安营扎寨，顽强地生存、繁衍。

　　垫状植物的大小各异，既有直径不到 10 厘米的小"杯垫"，也有直径几米的大"床垫"，它们广泛分布在世界各地的高山和地球的极地，全世界有数百种之多，其中的一些种类亲缘关系相当疏远，比如垫紫草和雪灵芝，一个是紫草科，另一个是石竹科，不要说是亲兄弟，就连亲戚也算不上，只是因为它们都生长在相似的环境中，才长成了相似的模样。

抱团取暖，守护生态的"工程师"

为了适应高山土层浅薄、干旱缺水的环境，垫状植物必须尽最大的努力节约能量。它们大多生长缓慢，有的品种每年只生长一两毫米，这是最直接的减少蒸腾、节约养分的方法。在节约的同时，垫状植物还特别注重自身资源的再利用，它们的枝叶枯萎后，跟沙土一起填充在垫状体内部，并最终变成肥料，为整个垫状体保温节能、提供养分，贡献着超越生命的价值。

更聪明的是，不同种类的垫状植物，懂得抱团取暖，它们共同营造了一个相对温暖潮湿的微环境。于是，更多的植物被这个温床所吸引，向它们靠拢。垫紫草、雪灵芝，还有红景天，它们簇拥生长，成为雪山脚下精致的盆景。

研究表明，随着海拔升高，生存越来越艰难，植物间的关系也发生了微妙的变化，由低海拔处的相互竞争逐渐转变为高海拔处的相互促进，尤其对处于海拔上限的植物，促进作用更加明显。在这些地区，相邻的植物只有相互帮助共同应对残酷环境的挑战，才能使受益方甚至是双方更好地成长。

垫状植物不仅对同类非常友好，拥抱共生，还非常慷慨地照顾弱小，为其他植物的种子和幼苗提供庇护。一旦有种子飘落在垫状体上，它就可以安心地在这里生根发芽，汲取垫状体提供的水分和营养，享受着遮风挡雨的全方位呵护，直到自己长大了强壮了，才从草甸中冒出头来，开花结果。所以，在短暂的花季里，经常能看到垫状植物和其他植物共同绽放的和谐画面。

左页图、右页图：垫状植物

对于高寒地区的植物来说，垫状植物具有特殊的生态价值，被称为"生态系统的工程师"。它们能够改善局部地区的微环境，促进土壤的形成，并使土壤中的水分和温度明显提高，养分也得到改善，这就为其他植物的生存提供了适宜的条件，对生物多样性的维持发挥着重要的作用。

改造生境，交出优异的"成绩单"

√　研究表明，与周围暴露的环境相比，垫状植物可以降低98%的风速，由此减少热量的损失，使垫状体内部保持较高的温度，为那些接近低温下限的植物提供生存的条件。

√　在垫状点地梅生长的土壤中，有机物质的含量是附近裸露岩石区的15倍之多。

√　紧实型垫状植物囊种草和松散型垫状植物垫状驼绒藜都不同程度地提高了其覆盖下土壤的各种水分条件指标。

√　在垫状植物内部生长的卷耳幼苗和芒麦草的成活率分别约为30%和80%，而在非垫状植物条件下两种植物的幼苗的成活率均低于10%。

√　一些一年生的小草本植物更喜欢在物种较为丰富的垫状植物内部生存，而一些多年生草本植物更趋于单独出现或出现在物种丰富度较低的斑块。

生态系统脆弱，需要保护

垫状植物虽然把自己照顾得好好的，不断开疆拓土，还能保护弱小植物，为它们提供庇护，并为整个生态系统提供服务贡献价值，但是，由于生长缓慢，其生长周期普遍较长，一旦遭到破坏，通常很难在短时间内恢复。所以，以垫状植物为关键类群的生态系统非常脆弱，更需要人类的悉心保护。

囊 距 紫 堇 :
流 石 滩 上 的 “ 隐 士 ”

植物名片

中 文 名：襄距紫堇

拉 丁 名：*Corydalis benecincta*

分　　类：罂粟科，紫堇属

生长环境：海拔 4000 ～ 6400 米的高山流石滩
　　　　　的页岩和石灰岩基质上

国内分布范围：云南西北部和四川西南部

王立松 / 供图

为了自保，披上"保护色"

如果说垫状植物的低调是为了适应严酷的自然环境，那囊距紫堇的低调，则更多是为了躲避天敌。

在高山流石滩，多株囊距紫堇从石缝里钻了出来，卵圆形的叶子肉乎乎的，呈现出跟周围砾石几乎一致的灰色，如果不仔细看，很容易忽略它的存在。

披上保护色，隐身在环境中，正是囊距紫堇的自保之道。

自然界中，很多动物为了躲避天敌攻击，会用颜色来伪装自己；也有的动物利用警戒色向天敌发出警告，从而提高生存概率。囊距紫堇也一样，它伪装自己，是为了避开一种动物——绢蝶。

囊距紫堇是不少绢蝶属昆虫的寄主，每年的6月初，绢蝶妈妈会在囊距紫堇植株附近产卵。而绢蝶幼虫孵化出来后，囊距紫堇就如遇飞来横祸，好不容易长出来的肥厚叶片都成了这些幼虫的"盘中餐"。

为了避免被取食，囊距紫堇通过漫长的演化，把自己变成砾石的颜色，跟周围的环境融为一体。研究表明，这种伪装非常成功，绢蝶很难发现灰色叶子的囊距紫堇，它们活下来的概率大大增加了。

"隐蔽"自己，是利是弊？

囊距紫堇的独特之处，是在同一居群内往往会有两种不同颜色的个体，一种是正常的绿色叶片植株，另一种是灰色叶片植株。灰色叶片的囊距紫堇，如果没有开花，很难凭叶片把它从砾石中找出来。

植物的主流色彩是绿色，绿色的叶子通过光合作用来为植物提供养分，所以有人担心，灰色的叶片会不会影响光合作用呢？这种担心其实是多余的，研究发现，囊距紫堇绿色的叶片几乎不含天然色素花青素，而灰色叶片里含有相当多的花青素，但跟光合作用相关的最重要的色素——叶绿素，两者体内的含量差别不大。也就是说，是花青素和叶绿

上图：绢蝶·王立松／供图

下图：囊距紫堇

素共同作用，让囊距紫堇的叶片变成了灰色，但这两种颜色的叶子在光合作用的效果方面，难分伯仲。所以，长成灰色，并不会影响到植株的正常生长。

大量的野外观察表明，有更多的灰色叶片囊距紫堇逃过了绢蝶幼虫的啃食存活下来，相反，也有更多的绿色叶片惨遭取食。

既然灰色的个体可以很好地实现伪装，又不影响生存，那么绿色的个体为什么没有被完全淘汰呢？这个问题目前还没有定论，有待科学家们去研究破解。

上图：绿色叶子的囊距紫堇
　　　方震东 / 供图

下图：灰色叶子的囊距紫堇
　　　方震东 / 供图

2.6
全缘叶绿绒蒿：
"高调"绽放

植物名片

中 文 名：全缘叶绿绒蒿

拉 丁 名：*Meconopsis integrifolia*

别　　名：鹿耳菜、阿拍色鲁、慕琼单圆、黄芙蓉、雅片花等

分　　类：罂粟科，绿绒蒿属

生长环境：海拔 2700～5100 米的草坡或林下

国内分布范围：甘肃西南部、青海东部至南部、四川西部和西北部、云
　　　　　　　南西北部和东北部、西藏东部

迎风摇曳的"花仙子"

低调并非高山植物唯一的生存态度，它们也懂得在必要时奋力一搏。在喜马拉雅东南部，海拔 4500 米的山坡上，一株全缘叶绿绒蒿正努力绽放，黄色的花朵在风中翩翩起舞。

在高海拔地区，植物为了抵御大风和寒冷的侵袭，大多匍匐在地面上生长，个头普遍矮小。全缘叶绿绒蒿却有着挺拔的身姿、绚丽的色彩，非常夺目。

它的茎叶上，锈色和金黄色的绒毛又细又长，密密地铺满了整个表层。这些表皮毛看着柔柔弱弱，作用却不可小觑，它不仅能增加植物表皮的厚度，降低蒸腾，还能有效防止强光直射的伤害，为植物提供了一道天然的物理屏障，就像给全缘叶绿绒蒿穿上了抵御强光和严寒的"多功能外套"。

表皮毛对植物的保护可谓周到细致，按需定制，为了适应环境的变化，随着所处海拔高度的增加，表皮毛长得也越来越浓密，其保护能力也越来越强。

清晨，露珠挂在或平展或反曲的长绒毛上，晶莹剔透，折射着太阳的光芒。

当太阳升起，露水散尽，全缘叶绿绒蒿顶着硕大的花朵，尽情舒展优美的身姿。

全缘叶绿绒蒿为一年生至多年生草本植物，以种子进行繁殖，花果期在 5 ～ 11 月，通常每株有 4 ～ 5 朵花，也有一不小心一株开出 18 朵花的"壮举"。粗壮有力的花茎，直径可以达到 2 厘米，在风中能支撑着植株长到 1.5 米的高度，所以，全缘叶绿绒蒿也常常被称为"绿绒蒿属的巨人"。

左页图：全缘叶绿绒蒿

—

右页 4 幅图：高原上绚丽的花朵

高调开花：吸引传粉昆虫关注

在高寒地区，受环境限制，传粉昆虫是稀缺资源，不仅种类和数量较少，且活动能力下降，活动范围也缩小了。为了繁衍生息，植物往往要使用各种办法来吸引传粉者。

跟我们熟悉的蜜蜂相比，毛茸茸、圆滚滚的熊蜂的体形要大得多，它也是蜜蜂科的一种，但更耐寒，也更能适应高原地区的生活，是理想的传粉者。可是熊蜂的数量并不多，为了吸引熊蜂传粉，植物间注定要引发一场激烈的竞争。

百花盛开的季节，在强烈的紫外线照射下，高山花卉的颜色显得格外艳丽，它们正竭尽所能，争夺传粉昆虫的关注。

全缘叶绿绒蒿不慌不忙，舞动着它娇柔美丽的花朵。没错，又大又美的花儿就是它竞争的"利器"，几乎战无不胜。

一只熊蜂流连在各色花朵间，最终被全缘叶绿绒蒿硕大的花朵吸引过来。是的，任何昆虫都很难忽视它的存在。

当毛茸茸的熊蜂一头扎进淡黄的花冠中，细密的花丝和它抱个满怀。此时，全缘叶绿绒蒿的雌蕊率先通过沾染熊蜂身上带来的花粉完成授粉；然后，雄蕊借机将花粉散布在熊蜂身上。当熊蜂嬉闹结束，心满意足去往下一朵花时，附着在它毛茸茸身躯上的花粉与别的雌蕊相遇，植物的爱情结晶——种子便会诞生。

生长在高原地区，虽然熊蜂的体形较大，传粉的效率较高，但全缘叶绿绒蒿也不能只指望着它来传粉。对植物来说，只要能热心帮忙传粉的，不论体形和种类，都是受欢迎的客人，包括不起眼的蝇类和蓟马，它们也是高原常见的传粉昆虫。

但研究发现，其实熊蜂更钟情于分泌花蜜的报春类植物，而全缘叶绿绒蒿不分泌花蜜，蝇类才是它最重要的异花传粉使者。

忙碌的昆虫，于植物而言，像爱情的信使，又像是送子的鹳鸟。从其貌不扬的蝇类到虎头虎脑的熊蜂，昆虫与植物，共同经营着生机勃勃的喜马拉雅。

左页上图：全缘叶绿绒蒿的细
密表皮毛

—

左页下图：全缘叶绿绒蒿

—

右页图：全缘叶绿绒蒿与熊蜂

硕大花朵：控温保暖，还能自花授粉

原本，昆虫帮助植物传粉，植物提供花蜜作为报酬，这是二者互惠互利心照不宣的约定。但全缘叶绿绒蒿失约了，它没有花蜜回馈给传粉者。破坏了礼尚往来的规矩，得罪了昆虫，这在高海拔地区非常危险，时间久了，像熊蜂这样喜欢花蜜的昆虫就不爱跟它交朋友了。全缘叶绿绒蒿必须想别的办法，充分开发花朵的新功能，来讨好传粉者。

硕大的花瓣，吸引昆虫的不仅是美丽，还有高原环境弥足珍贵的温暖。

花瓣的闭合运动能够降低花内的昼夜温差，产生保温效果。当太阳升起，花瓣张开，尽情享受着太阳的热量；当夜晚来临，花瓣闭合，形成一个小小的温室，为花蕊遮风挡雨。

045

在环境温度较低时，温暖的空间当然是传粉昆虫喜欢驻足的重要理由。研究发现，当花内温度高于环境温度时，来帮忙传粉的昆虫数量较多；而花内温度低于环境温度时，来驻足的昆虫数量极少甚至没有。

这就是高原的生存法则，相互依存，但又残酷现实。

传粉者数量不足，是最尴尬的事儿。即使拥有亮丽花朵的吸引力，依然常常摆脱不了这一窘境。于是，全缘叶绿绒蒿决定依靠自己的力量解决问题。

我国学者经过为期两年的观察实验，发现在它花朵开放的过程中，雌蕊会先成熟，之后雄蕊不断伸长，在开放的中后期与雌蕊接触，说明全缘叶绿绒蒿具有自花授粉的能力。这就相当于为自身繁衍上了一个保险，即便昆虫不登门造访，也能保有一定的自花授粉成功率，孕育种子，延续种群。

高调，是全缘叶绿绒蒿的生存策略，也是它扎根青藏高原的底气。看！它在风中摇曳，越发显得楚楚动人。

绿绒蒿属是罂粟科中较大的一属。绿绒蒿属植物因花朵硕大、花色艳丽而著称，是高山植物中最有代表性的花卉之一。

左页上图：花瓣闭合的
　　　　　全缘叶绿绒蒿

—

左页下图：全缘叶绿绒蒿的
　　　　　花朵

—

右页图：全缘叶绿绒蒿

药用价值：全身都是宝

全缘叶绿绒蒿不仅有较高的观赏价值，还具有药用价值，藏医药著作中有许多绿绒蒿属植物的相关记载。

全缘叶绿绒蒿和其他几种同属植物作为经典藏药"吾巴拉"使用，具有清热解毒、消炎止痛等功效，用于治疗肺炎、肝炎、头痛、水肿等病症，为藏族常用药材，药用部位为干燥全草。

2.7

杜鹃：垂直带上的"常客"

中 文 名：杜鹃

拉 丁 名：*Rhododendron simsii*

别　　名：唐杜鹃、照山红、映山红、山石榴、山踯躅

分　　类：杜鹃花科，杜鹃花属

生长环境：山地疏灌丛或松林下

国内分布范围：主要分布在华东、两湖、两广及西南东部

植物
名片

文人墨客笔下的杜鹃

在青藏高原，比绿绒蒿更"高调"的，当属杜鹃。在为了生存的演进过程中，杜鹃走的是"以量取胜"的路线。每年的五六月份，红的、粉的、白的杜鹃花纵情开放，漫山遍野，让沉寂了半年的高山顿时显得热闹非凡。

绚烂多姿的杜鹃花不仅开遍山野，还走进了人们的生活，自古以来就引得文人墨客争相吟咏。从唐宋白居易、杜牧、苏东坡、辛弃疾，至明清杨升庵、康熙帝等都有赞誉杜鹃花的佳作。

有人写它的美貌，李时可的《杜鹃花》："杜鹃踯躅正开时，自是山家一段奇。"把杜鹃称作山里一道神奇的风景。

有人赞它的坚韧，苏世让的《初见杜鹃花》："际晓红蒸海上霞，石崖沙岸任欹斜。"赞叹杜鹃花云蒸霞蔚，就像大海上空的云霓，它不挑环境，悬崖峭壁、瓦石沙砾都能生长。

有人颂它的顽强，阮元的《山花》："等闲樵斧向山中，割得娇花与草同。几日春风又春雨，杜鹃依旧映山红。"杜鹃有着极强的生命力，砍伐过后，经过几场风雨，照样又开得如火如荼。

也有人触景生情，李白看到杜鹃花开，不由想起了家乡的杜鹃鸟，写出了《宣城见杜鹃花》："蜀国曾闻子规鸟，宣城还见杜鹃花。一叫一回肠一断，三春三月忆三巴。"

白居易尤其喜爱杜鹃花，他写过十多首关于杜鹃的诗歌，常把杜鹃称为山枇杷、山石榴等。他的诗作

左页图：亮叶杜鹃
　　　　张胜邦/供图

右页图：弯果杜鹃
　　　　方震东/供图

《山枇杷》中有一句"回看桃李都无色，映得芙蓉不是花。"在他眼里，杜鹃花便是花中的"西施"，桃花、芙蓉花跟杜鹃花一比，瞬间都黯然失色。

　　白居易后来还将杜鹃花移到了家中，有诗《戏问山石榴》为证："小树山榴近砌栽，半含红萼带花来。争知司马夫人妒，移到庭前便不开。"

庞大的家族种群

　　能吸引如此多诗坛巨匠为它泼墨挥毫、念念不忘，杜鹃自然不是无名小卒，它位列中国"十大名花"之一，历史悠久。关于杜鹃，最早被记载的种类是"羊踯躅"，东汉成书的《神农本草经》中就有收录。而有关"杜鹃"的文献记载较晚，约出现在东晋前后。

　　从两千年前被初次记载，到如今成为世界四大著名高山花卉之一（另三个是绿绒蒿、龙胆、报春花），杜鹃的地位和名气虽高，但一点儿也不娇气。它花期

上图：雪层杜鹃

长，单株观赏期长达一个月；适应性强，对生存环境不太挑剔，这让它顺利成为园艺界的"宠儿"，目前在国内外公园中被广泛栽培，欧洲园艺界甚至有"无鹃不成园"的说法。

杜鹃花属种类繁多，全球的杜鹃花属植物大约 1000 多种，约 900 种集中分布于亚洲，而中国又被称为"杜鹃花王国"，拥有约 590 种杜鹃，其中 400 多种为特有种。

现代杜鹃分布和分化的中心在喜马拉雅东南部，这意味着世界上数量最多种类的杜鹃生活于此。从海拔 1000 米开始，杜鹃向上分布。海拔较低处的杜鹃种类，可以长成高大的乔木。随着海拔提升，为了征服更恶劣的气候环境，杜鹃悄悄做出了改变。在海拔高于 2500 米的地区，矮小的杜鹃种类显然更具优势，到海拔 4000 米时，便演化为高山矮灌丛群落。海拔越高，杜鹃的植株越矮小紧凑。在海拔 5000 米以上，便只有小灌木雪层杜鹃的身影了。

杜鹃家族的强大之旅

　　为什么中国拥有如此丰富的杜鹃资源呢？这就得从杜鹃祖先的迁徙说起了。

　　研究人员结合分子钟、祖先分布区重建、多样化速率分析、化石记录等手段，发现杜鹃花属植物于早古新世（距今约 6400 万年前）起源于北方高纬度地区，随后南迁至亚热带高山，并跨越赤道到马来群岛等地区，在这个过程中发生了多次变异事件。

　　决定杜鹃花属命运的关键节点在中新世（距今 2300 万～ 530 万年前），杜鹃花属植物在南迁至喜马拉雅 - 横断山区和马来群岛时发生了辐射分化——物种快速多样化，这便使得喜马拉雅 - 横断山脉和马来群岛成为如今杜鹃多样性最高的地区。

　　欧洲地区就没这么幸运了，根据最早的化石记录，受距今 6600 万年前的白垩纪 - 古近纪物种大灭绝事件（简称 K–Pg 事件）的影响，灭绝的不仅是当时地球上处于霸主地位的恐龙，欧洲较早的杜鹃花谱系可能也已在古新世灭绝。

下图：高山杜鹃·王立松 / 供图

在杜鹃花繁衍扩散过程中，海拔和水分两个环境因素起到了关键作用。在新近纪，青藏高原和喜马拉雅山先后发生了几次隆升，形成了高山深谷，导致了流域系统的变化，海拔范围的拉伸可能也引发了这些地区杜鹃的多样性巨大化。

此外，杜鹃花属自身也采取了更多适应策略来应对选择压力。研究人员发现，在北方冻土带、极高海拔或寒冷生境的部分落叶杜鹃表现出较高的叶片含氮量、含磷量和较大的比叶面积（在同一个体或群落内，一般受光越弱，比叶面积越大。比叶面积是衡量植物生长特性和能量代谢的一个重要参数，比叶面积越大，说明植物的叶片表面积越大，光合作用的效率也会更高），也就是说，杜鹃花属叶片功能性状的适应性进一步促进了其辐射进化。

正是在外部因素与自身因素的共同作用下，中国最终成为杜鹃花资源最丰富的国家。

左页图：牦牛与雪层杜鹃

—

右页图：栎叶杜鹃

　　　方震东 / 供图

杜鹃有用，但也有毒

　　杜鹃有较为广泛的药用价值，据有关中医药文献记载：杜鹃花味酸甘，有活血调经之效，可治跌打损伤、风湿关节痛等疾病。

　　但杜鹃花属的植物或多或少都含有毒素，其中最具代表性的就是木藜芦毒素，可引起严重晕眩、胸腹痛、出汗、呕吐、视力模糊、低血压等症状。

　　我国有些地方的人也会将个别的杜鹃品种经过特殊处理后食用。但是，对没有专业知识的大多数人来说，许多物种难以准确辨认，最保险的做法还是不要往嘴里塞。

　　杜鹃，缤纷娇艳，动不动就怒放成一片花海，铺满整面山坡，但也真的不好惹呢！

2.8
马先蒿："定点"传粉，
维持个性

植物
名片

中 文 名：马先蒿

拉 丁 名：*Pedicularis*

别　　名：马屎蒿、马新蒿、烂石草、练石草、虎麻、马尿泡

分　　类：列当科，马先蒿属

生长环境：多数种类生于寒带及高山上

国内分布范围：主要分布于西南部

花朵的"造型师"

花季来临,在青藏高原上常能看到一簇簇小花簇拥而生,它们造型奇特,花冠相似,却又不尽相同,这就是马先蒿。

马先蒿是列当科马先蒿属植物的统称,全世界有600～700种,其中近半数种类集中分布在我国的西南高山地带,主要在喜马拉雅–横断山区,多生长在砾石岩缝、河谷河滩、灌丛疏林下及高山或亚高山草甸中,部分是我国特有种。

在这里,物种的多样性还来源于植物进化的智慧。马先蒿大多矮小,喜欢群居,不同种的马先蒿通常会生长在同一个区域,在演化过程中,演化出了完全不同的形态,它们的植株、花冠和花喙,就连孕育种子的构造都不一样。马先蒿的花朵不大,但花冠各式各样,造型奇特,被认为是有花植物中花冠样式最为丰富的类群。

下图:不同种类的马先蒿生活在一起

中 文 名：斑唇马先蒿
拉 丁 名：*Pedicularis longiflora* var. *tubiformis*
别　　名：长花马先蒿管状变种
生长环境：海拔 2700 ～ 5300 米的高山草甸及溪流两边
国内分布范围：主要分布在西藏、云南西北部、四川西部

植物
名片

　　斑唇马先蒿因花冠中间有两个棕红色或紫褐色的色斑而得名，它拥有明亮的黄色花冠，长长的花喙向下向内优雅弯曲，像可爱又害羞的小象鼻子。

中 文 名：头花马先蒿
拉 丁 名：*Pedicularis cephalantha*
生长环境：海拔 4000 米左右的高山草地中，亦见于云杉林中
国内分布范围：为我国特有种，主要分布在云南西北部

　　头花马先蒿，它的花都环绕在枝干的顶部开放，像装点着少女的美丽头花，因而得名。它的花喙略短，俯下身子朝着花瓣的方向伸展。花喙与花管连接处有一截呈白色，好似花朵围上了精致的雪白围脖，顿时让这种以紫色为主的小花生动起来。

中 文 名：二岐马先蒿

拉 丁 名：*Pedicularis dichotoma*

生长环境：生于海拔 2700 ～ 4270 米的山坡上，有时亦见于较疏散的林中

国内分布范围：为我国特有种，主要分布在四川西南部与云南西北部

二岐马先蒿花有两色，由粉白色花瓣和紫红色花喙组成的花朵，从上往下密布在枝干上，长长的花喙倔强地向前向上伸展，从某个角度看，恰似想要展翅飞翔的彩色小鸟，甚是灵动。

中 文 名：密穗马先蒿

拉 丁 名：*Pedicularis densispica*

生长环境：海拔 1880 ～ 4400 米的阴坡、林下及湿润草地

国内分布范围：为我国特有种，主要分布在四川南部及西部、云南西北部，西藏昌都可能也有分布

植物
名片

　　这种花朵呈穗状分布的，叫密穗马先蒿。它没有花喙，在常规长花喙的地方，它迅速地收紧，形成一个又短又弯的钩状结构。

中 文 名：三色马先蒿

拉 丁 名：*Pedicularis tricolor*

生长环境：海拔 3600 米的高山草地

国内分布范围：为我国特有种，主要分布在云南西北部

　　还有 3 种颜色渐变的三色马先蒿、"脖子"（花管）又细又长的管花马先蒿、果实尖如利器的尖果马先蒿……马先蒿颜色丰富，花型多变，简直就是花朵世界里的"造型"高手。

中 文 名：管花马先蒿

拉 丁 名：*Pedicularis siphonantha*

生长环境：海拔 3500 ～ 4500 米的高山湿草地

国内分布范围：主要分布在西藏

植物名片

中 文 名：尖果马先蒿

拉 丁 名：*Pedicularis oxycarpa*

生长环境：海拔 2800 ～ 4360 米的高山草地

国内分布范围：为我国特有种，分布于云南西北部及四川西南部

多变的造型，专为"定点"传粉

花型各异让这些马先蒿就像住在一起的亲戚，可以用不同的方式招待远来的客人——熊蜂。对马先蒿属植物而言，它们的传粉对象只有熊蜂。大量的马先蒿传粉生物学研究显示，一种熊蜂可以给几种不同的马先蒿植物传粉，同时一种马先蒿也可以接受不同种的传粉熊蜂造访。

由于不同种类的马先蒿上唇的形状各不相同，它们在与传粉熊蜂接触的时候，利用自己独特的花冠形态，让花粉落在熊蜂的不同部位，有的落在其腿部、腹部，有的落在其背部、头部，这样，同一区域的马先蒿即使有共同的传粉者，也能巧妙地避免花粉干扰，实现精确的点对点传粉，确保了马先蒿这个庞大家族物种的多样性。

与强大的生命力相得益彰的，是旺盛的繁殖力。马先蒿家族的很多种植物每株可以产出上千粒种子，这使得马先蒿属植物在生存竞争中能够占得先机，成片繁荣，装点山峦和河谷。

如今，马先蒿早已是一个拥有数百个种的大家族，而这一切，是马先蒿在数百万年的时光流转里悄悄完成的生命奇迹。

美丽的半寄生植物

走在青藏高原的草地和山坡上，常常跟马先蒿不期而遇，它们几株凑在一起，或者点缀在大片的草地上，黄的、紫的、白的、粉的，娇俏艳丽，总有一种能让你心动。

让人想不到的是，在马先蒿温柔娇美的外表下，还藏着自己的霸道小心思。从地上部分来看，马先蒿跟其他植物一样，有着绿色叶子，能够进行光合作用，应该是自食其力的主儿。但事实上，马先蒿具有"欺负"其他植物的能力，它通过根部产生

左页上图、下图：密穗马先蒿

右页图：尖果马先蒿

一些被称为"吸器"的寄生器官，连接到其他植物的根上，从寄主植物身上夺取养分和水分，是名副其实的半寄生植物。

马先蒿的"食谱"非常广泛，几乎可以寄生在根系所及范围内的所有植物上，但对禾草类尤其偏爱，对禾草类寄主的危害也更为严重。由于马先蒿直接夺取了寄主植物的养分，被它寄生的植物通常长势变弱，这会影响产量，严重时可减产80%以上。马先蒿除直接削弱寄主植物长势以外，还会改变寄主植物与其他植物之间的竞争关系，从而影响生态系统中植物群落的组成和生态系统的稳定性。

尽管部分马先蒿会降低牧草产量、影响畜牧业的发展，但是我们也不必对它们充满敌意。马先蒿对生态系统的影响也不完全是负面的，这些寄生植物的凋落物富含养分，并且相对于其他植物的凋落物而言，它的凋落物被分解的速度更快，对生态系统中的养分循环有非常积极的促进作用。从生物多样性的角度来看，马先蒿通常能调节种群结构，通过抑制寄主植物的生长发育，为其他植物提供更多的生长空间，从而增加物种的多样性。

此外，马先蒿对扰动环境的适应能力也比较强，是高山和亚高山边坡植被修复过程中常见的先锋物种。如果能对它合理利用，对于促进土壤肥力恢复、加快植被修复进程将具有一定的作用。

中 文 名：大王马先蒿

拉 丁 名：*Pedicularis rex*

生长环境：海拔 2500 ～ 4300 米的空旷山坡草地与稀疏针叶林中，有时也见于山谷中

国内分布范围：四川西南部、云南东北部及西北部、西藏

"特立独行"的大王马先蒿

在这个家族里，还有处世更加灵活的大王马先蒿，它的高度可达 1 米，是马先蒿家族的巨人，也是家族中唯一一个叶子比花还抢眼的品种。

在大王马先蒿植株的下半部分，它的叶柄常各自分离，但上半部分，叶柄的基部膨大，跟同轮叶柄结合成斗状体。这个容器非常有用，可以在下雨时储存雨水，使大王马先蒿能够轻松抵御强烈的紫外线直射，更好地在高原生活；同时，也让那些想来搞破坏的昆虫有去无回，成为它们的葬身之地。

对于大王马先蒿存水的行为，也有专家给出了另一种解释：在缺水的高原，有了水，就自然容易获得良好的人缘，众多鸟类和昆虫都可以来自由取水，这一慷慨之举，也让大王马先蒿的花粉随着鸟与昆虫传播到各个角落。

上图：大王马先蒿的同轮叶柄结合成斗状体

—

下图：开花的大王马先蒿

马先蒿名字是误写得来的

关于马先蒿名字的由来，李时珍是这样说的："蒿气如马矢，故名。马先，乃马矢字讹也。马新，又马先之讹也。"意思是说，马先蒿的气味跟马的粪便很像，所以叫马矢蒿，在古代，"矢"同"屎"。后人写着写着就跑偏了，把"矢"写成了"先"，于是就变成了"马先蒿"。再后来的人听着听着又听错了，就又变成了"马新蒿"。

就这样，一个笔误而来的名字"马先蒿"，最后成了这个种群的正式名称，马屎蒿和马新蒿都是它的别名。

蕨类植物：有孢子，
繁衍不求"人"

植物名片

中 文 名：蕨类植物

英 文 名：Pteridophyte；Ferns

分　　类：蕨类植物门

生长环境：大都喜生于温暖阴湿的森林环境，成为森林植被中草本层的
　　　　　重要组成部分

分布范围：广泛分布于世界各地，尤以热带和亚热带最为丰富

时空穿梭，这是恐龙吃过的植物

　　在喜马拉雅生存，并非总是面对严酷的气候、有限的资源。在它的南坡，景象为之一变。印度洋丰富的水汽北上，被高耸入云的山峰阻挡，在山脉南侧形成降雨区。而雅鲁藏布大峡谷就像是暖气管道，使得暖湿气流溯江而上，形成了地球上最靠北的热带雨林。

　　墨脱，意为"隐秘的莲花"，从高山冰原到热带雨林，7000多米的落差，就在这里完成了地理的奇迹。

　　在低海拔的丛林间，有一种植物充满古朴气息，它们枝叶青翠，形态优雅，造型多变，这就是蕨类植物，也是地球上最早登上陆地的植物类群。早在恐龙称霸地球之前，蕨类植物就已经进入鼎盛时期。

　　根据目前发现的化石记录，蕨类植物的祖先出现在4亿年前。在泥盆纪晚期到石炭纪时期，蕨类植物极

下图：墨脱果果塘大拐弯

为繁盛。从二叠纪末开始，蕨类植物大量灭绝，多数被深埋到地下，形成煤层，变成人类现在使用的不可再生能源。到了三叠纪后期，恐龙走上历史舞台的中心，并与开始活跃的蕨类植物桫椤共存，两者携手一起成为爬行动物时代的两大标志。

三叠纪时期的禄丰龙（化石发现于我国云南）和鼠龙（化石发现于阿根廷），以及侏罗纪晚期的恐龙"明星"剑龙、腕龙、梁龙等都是以桫椤等蕨类植物为主食。桫椤由于茎内含有淀粉，成为植食性恐龙获取能量的重要食物。

桫椤是现在仅存的木本蕨类植物，茎干可高达6米或更

上图：喀西黑桫椤

高。看到桫椤，让人不禁联想到这样的画面：3亿年前，有两三只巨大的剑龙在具有伞状树冠、羽状叶片的桫椤林中，一边怡然自得地咀嚼着桫椤茎叶，一边漫步享受着温暖的日光。

后来，气候变化导致蕨类植物大量死亡，大自然食物链的底层结构被破坏，这也成为引发恐龙灭绝的重要原因之一。

如今，恐龙已经灭绝，蕨类植物依然顽强存在，遍布全球，被称为植物界的"活化石"。这些从亿万年前延续至今的植物，展现出了强大的生命力，目前种类已经超过11000种。

中 文 名：喀西黑桫椤

拉 丁 名：*Gymnosphaera khasyana*

别　　名：西亚桫椤

分　　类：桫椤科，黑桫椤属

生长环境：海拔 1200 ～ 1800 米的常绿林下

国内分布范围：云南、西藏

中 文 名：鱼鳞蕨

拉 丁 名：*Dryopteris paleolata*

分　　类：鳞毛蕨科，鳞毛蕨属

生长环境：海拔 500 ～ 3300 米的林下溪边

国内分布范围：西藏、云南、四川、贵州、广西、广东、湖南、江西、福建、台湾及海南

无花无果，蕨类植物繁殖靠孢子

蕨类植物不会开花，也不结果，自然也就没有种子，那它们靠什么维持数量庞大的种群呢？

孢子繁殖，是蕨类植物最为常见的繁殖方式。

蕨类植物孢子的产生与有花植物种子的产生完全不同。种子一定是由雌、雄两性生殖细胞结合而来的，因此必须要有传粉的过程。所以，有花植物大多依赖传粉昆虫的帮助来完成种族繁衍。蕨类植物则不需要，它们的孢子是由孢子囊里的孢子母细胞经过减数分裂而形成的单倍染色体的繁殖细胞。大部分进化类群的每一个孢子囊里有 64 个孢子，这样每一个叶片上都能够产生成千上万的孢子。孢子成熟后随风散落，在合适的环境中，开始萌发，生长成为配子体，配子体一般呈心脏形，绿色，能够进行光合作用，独立生活。通常，配子体上能同时产生精子和卵子细胞，受精发育为二倍体的胚，然后生长成新的植株。

每到夏秋季节，蕨类植物的叶片背面就会出现很多像虫卵一样的小点，这就是孢子囊群。当一个孢子囊成熟时会变得失水，并自动裂开一个小口，将里面的孢子以极快的速度弹射出去。离开"家"的孢子微如粉尘，随风飞翔，可以到达很远的地方。一旦在合适的环境着陆，就能够生根发芽。即使没有遇到合适的环境，孢子也绝不气馁，在保存几年之后仍然能够萌发生长。

不开花不结果，也不需要动物帮忙传粉，蕨类植物的繁殖过程就像自动化工厂一般，这让它们在大自然拥

左页图: 喀西黑桫椤的孢子
囊群

———

右页图: 张宪春研究员

有了强大的环境适应能力。除了大海、深水底、沙漠和长期冰封的陆地，从海滨到高山，从湿地、湖泊到平原、山丘，蕨类植物几乎无处不在。在喜马拉雅，同一座山上，常能见到不同形态的蕨类植物。

中国科学院植物研究所暨国家植物园研究员张宪春，每年都要到野外对蕨类植物进行实地考察。作为著名的高山植物分类学家，他对蕨类植物了如指掌："这里（嘎隆拉山口）有喜马拉雅－横断山区特有的两种植物，一种是鳞毛蕨属的多鳞鳞毛蕨，另一种是蹄盖蕨属的黑秆蹄盖蕨。它们的外形很像，都能适应高海拔地区寒冷的气候，生出很多的鳞片，鳞片具有保暖作用。其实它们是两个不同类群的植物，亲缘关系还很远，由于适应性趋同进化，外形很相似。"不同种类的植物，为了适应环境，可以长得越来越像。

蕨类植物，它们曾经是这个星球的主人，从远古走来，经过岁月的磨砺，依然在生态圈中扮演着重要的角色。

植物
名片

中 文 名：多鳞鳞毛蕨

拉 丁 名：*Dryopteris barbigera*

分 　类：鳞毛蕨科，鳞毛蕨属

生长环境：海拔 3600 ～ 4700 米的山坡灌丛草地

国内分布范围：青海、四川、云南

中 文 名：黑秆蹄盖蕨

拉 丁 名：*Athyrium wallichianum*

分　　类：蹄盖蕨科、蹄盖蕨属

生长环境：海拔 3500 ～ 4800 米的山林下石缝、高山灌丛草甸或固定流石滩中

国内分布范围：四川、云南西北部和西藏东南部

植物
名片

高处不胜寒，蕨类植物的喜马拉雅挑战

4亿年前，喜马拉雅山脉所在地区还是一片海洋。随着造山运动，蕨类植物来到了高原。由于环境艰苦，蕨类植物在西藏的水平分布，几乎只局限在一条狭长的地带内，包括西藏的东南部和喜马拉雅山脉的南坡。这种分布格局同这一地区森林分布的格局是一致的，这也与蕨类植物的习性有关，森林创造了许多适于蕨类植物生长的温暖、潮湿环境。

在喜马拉雅山的南坡，以西藏墨脱为例，蕨类植物的垂直分布非常明显，在不同的植被带，蕨类植物的组成也有其分布规律。

（1）海拔约500～1100米：代表性植被是低山热带季雨林，热带蕨类种类繁多，包括高大的木本蕨类，以及短肠蕨、碗蕨、鳞盖蕨、凤尾蕨、毛蕨、新月蕨等，在沟谷、林缘、路边生长旺盛，植株高大。

（2）海拔约1100～1800米：代表性植被是低山常绿阔叶林，林下的蕨类植物丰富，除了短肠蕨类物种较多外，紫萁属、鳞毛蕨属和耳蕨属种类增多，附生植物瓦韦属和铁角蕨属种类也不少。

（3）海拔约1800～2400米：代表性植被是中山半常绿阔叶林，该地段蕨类种类最为丰富，优势类群是鳞毛蕨属和耳蕨属植物，蹄盖蕨属和铁角蕨属种类增多，附生的瓦韦属和假瘤蕨属物种丰富，水流边的大树干上有时也见兖州卷柏附在其上。

（4）海拔约2400～3800米：代表性植被是亚高山常绿针叶林，蕨类种类减少，林下优势类群是瘤足蕨属、鳞毛蕨属、凤尾蕨属和蹄盖蕨属植物，附生的

除瓦韦属和假瘤蕨属外，书带蕨属和膜蕨科植物比较丰富。

（5）海拔约 3800 ～ 4400 米：代表性植被是高山灌丛和草甸，蕨类种类进一步减少，主要是耐寒的丛生花篮状蕨类，如鳞毛蕨属、耳蕨属和蹄盖蕨属植物，也有一些耐寒的小型植物，如珠蕨。

（6）海拔约 4400 ～ 4800 米：代表性植被是高山稀疏植物，蕨类种类进一步减少，典型的高山蕨类（如稀叶珠蕨、高山珠蕨和高山耳蕨等物种）分布于灌丛和岩石堆中。

（7）海拔 4800 米以上，除稀叶珠蕨外，几乎没有蕨类分布。

能够覆盖海拔跨越 5000 米的垂直高度，对于喜欢温暖潮湿环境的蕨类植物来讲实属不易。

它们从远古走来，岁月在它们身上打磨，每一种蕨类植物都拥有了独特的气质。

上图：黑秆蹄盖蕨

—

下图：鱼鳞蕨

左页图：鳞柄毛蕨

—

右页图：鱼鳞蕨

蕨类植物自古以来就跟"吃"有关

　　中国人和蕨类植物最早相遇是在"吃"上。《诗经》中的"陟彼南山，言采其蕨"，就提到蕨可以作为蔬菜食用。明代李时珍所著的《本草纲目》也记载了蕨的吃法："其茎嫩时采取，以灰汤煮去涎滑，晒干作蔬，味甘滑，亦可醋食。"唐代医学著作《本草拾遗》中讲道："蕨，叶似老蕨，根如紫草。生山间，人作茹食之。"

　　很多蕨类植物还有药用价值，比如蚌壳蕨科金毛狗属蕨类植物金毛狗，根状茎顶端的长软毛可药用，作为止血剂；骨碎补科骨碎补属蕨类植物骨碎补，正是因活血续伤、补肾强骨的功效而得名，根据相关记载，骨碎补在元代就因其品质优良而成为贡品。

　　唐宋以来，蕨类植物作为中国传统文化中一个有代表性的文化符号，常被古人写到诗词里，如唐人齐己所作的《寄山中叟》中的"青泉碧树夏风凉，紫蕨红粳午饷

香"，宋人孙觌写道："罨画溪头人语好，烹鱼煮蕨饷春田。"

蕨类植物不光用来吃，采蕨还成为文人追求解甲归田的象征，如北宋曹勋的"何州有隐逸，河山富薇蕨"，而南宋释梵琮的"处处儿童采蕨，纷纷幽鸟营巢"，则通过采蕨表达了对美好田园生活的向往。如此一来，蕨也成了诗词之中出现最多的野菜之一。

维多利亚时代的"蕨类狂热"

植株潇洒飘逸、姿态优美的蕨类植物具有很好的观赏价值，受到越来越多人的喜爱，但这也给它们带来了灾难。

19世纪中叶，维多利亚女王时代，蕨类植物狂热曾经席卷英国，在家里培育蕨类植物，用蕨类植物的图案来装饰生活用品，成为一种流行和时尚。"蕨类狂热"甚至跨越了大西洋，进入美国的费城、芝加哥和底特律等地。

这份痴迷持续了几十年，越来越多人的采集和收藏，对蕨类植物种群产生了巨大的破坏，有些野生类群濒临灭绝，至今未得到恢复。

2.10
光核桃：
桃的"活化石"

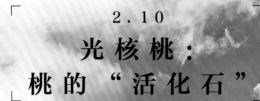

中文名：光核桃

拉丁名：*Prunus mira*

别　名：西藏桃

分　类：蔷薇科，李属

生长环境：海拔 2000 ～ 3400 米的山坡杂木林中或山谷沟边

国内分布范围：四川、云南、西藏

光核桃是桃，不是核桃

从墨脱向西，海拔上升至 3000 米，这里对植物依然友好。每年 3 月底，远处的山峰还积着皑皑白雪，眼前的桃花已迫不及待争相绽放，人们在这里仿佛置身于江南，如梦似幻。这里就是林芝，这种桃树被称为光核桃。

早春时节，寒气未尽，这里已经是桃花的海洋。光核桃的叶子还没来得及长大，粉嫩的桃花便开满树枝，树高花繁，蔚为壮观，花期长达 20 多天。桃花艳丽多娇，吸引无数游人驻足欣赏。

光核桃又被称作西藏桃，是世界上海拔最高、能在野外开花结果的多年生木本经济作物之一。这种桃的核表面光滑，多数核纹较少，因而得名光核桃。

左页图、右页图：开花的光核桃

在青藏高原，有超过 30 万株光核桃，它们呈野生或半野生状态广布于青藏高原的不同生态类型和不同海拔梯度区域。

光核桃是桃的"活化石"

有研究证实，现代桃起源于我国。在青藏高原隆升之前，桃的祖先就已经在这里扎根了，光核桃是桃的"活化石"。地广人稀，与周边地区交通不便，独特的地理条件为光核桃造就了不会受到过多人为干扰的生存环境。它们在西藏自然繁衍，靠种子繁殖后代，逐渐适应了高原环境，在西藏南部和东部地区形成了很多大规模的野生桃林，如此丰富的野生桃树资源在我国其他地区几乎没有。

西藏的光核桃资源非常丰富，不仅体现在数量上，更体现在光核桃至今仍然完好保存着野生桃的一些古老特质，比如光核桃的果实仍然保留着一些涩与苦的原味，比如它具有很强的耐寒、耐旱、耐瘠、抗病及适应性强等优良特性。

光核桃树非常长寿，寿命可达 1000 年，而我们常见的栽培桃树寿命只有几十年。走在林芝地区，随处可见树干直径一米以上的光核桃树，百岁、几百岁高龄的光核桃树并不罕见。它们大多是野生的，带着旺盛的野性生命力，也带来了关于桃的古老信息。

光核桃可药用，也可食用

光核桃的种仁可以入药，性平，味苦，入肝经，可以用于治疗月经不调、跌打损伤、瘀血作痛等病症。

光核桃的种仁含油率高，榨的油可以作为食用油使用。光核桃的果实富含维生素 C、糖分和其他营养成分，在西藏和滇西北地区，当地人把光核桃当水果鲜食，还将其晾晒成干果或作为饲料喂养牲畜。

2.11
青海云杉和祁连圆柏：
阴坡阳坡，泾渭分明

中 文 名：青海云杉

拉 丁 名：*Picea crassifolia*

分　　类：松科，云杉属

生长环境：海拔 1600 ～ 3800 米，常在山谷与阴坡长成单纯林

国内分布范围：为我国特有种，主要分布在祁连山区、青海（都兰以东、西倾山以北）、甘肃（河西走廊、靖远、榆中、
　　　　　　　夏河、卓尼、舟曲）、宁夏（贺兰山、六盘山）、内蒙古大青山

植物
名片

中 文 名：祁连圆柏

拉 丁 名：*Juniperus przewalskii*

分　　类：柏科，圆柏属

生长环境：海拔 2600 ~ 4000 米地带的阳坡

国内分布范围：为我国特有种，主要分布在青海、甘肃河西走廊及南部、四川北部

分坡而治的奇观

和松树一样，杉和柏也是古老的树种。在青藏高原的东北部，这两种植物都找到了适合自己的环境。

哈里哈图国家森林公园位于柴达木盆地荒漠区，海拔3000米以上，是西北干旱地区海拔最高的森林公园，园内森林主要由祁连圆柏、青海云杉等树种组成。祁连圆柏喜欢干热的阳坡或半阳坡，相反，青海云杉喜欢湿冷的阴坡或半阴坡，于是山脊就像一条泾渭分明的分界线，它们很少有重叠的分布。千百年来，它们就这样在同一座山上，划地而治，互不干涉，静静地坚守着自己的家园。

高原上的树木生长缓慢，生命周期很长，这座山上任意一棵云杉和圆柏都是几百岁。这些树木和开阔的草原，为野生动植物的繁衍栖息提供了良好的条件。在树木的庇护下，苔藓和一些不知名的绿色植物长得郁郁葱葱的，还有一簇一簇外形很像木耳的弯毛盘菌点缀其中，很是热闹。走在山里的木栈道上，一只喜马拉雅旱獭摇晃着圆滚滚的身躯探出头来，可能它已经习惯了这里是它的领地，也不怕人，只看了我们几眼，就大摇大摆地穿过栈道消失不见了。

祁连圆柏比青海云杉更耐旱

青海云杉和祁连圆柏是广泛分布于青藏高原东北部高山生态系统中的主要优势树种。

青海云杉是青海省的省树，高20多米。祁连圆柏，高10多米。它们都材质优良，耐旱性强，可作

左页上图：分坡而治的景观

—

左页下图：弯毛盘菌

—

右页图：哈里哈图国家森林公园

为分布区内干旱地区的造林树种，在涵养水源、水土保持等方面发挥着重要作用。

科学研究发现，从根系外观形态、生长地土壤湿度、抗逆性物质含量和地上枝叶生长量等方面综合判断，祁连圆柏根系的抗旱性高于青海云杉。这可能也是两种植物一种能自由生长在阳坡，一种更偏爱阴坡的原因之一吧。

2.12
盐生植物: 盐碱地的
"守护者"

中 文 名：盐生植物
英 文 名：Halophyte
生长环境：干旱和半干旱地区及滨海盐土地区
国内分布范围：主要分布在黄河以北的青海和新疆等地

青藏高原的盐碱地

从云杉和圆柏的领地向下，是柴达木盆地。这里沙漠广布，很少有人会认为这里也属于以巍峨雪山为标志的青藏高原。印度洋的暖湿气流被重重山脉阻隔，到了青藏高原东北边缘已是强弩之末。柴达木盆地地处内陆，水资源非常短缺，年均降水量只有不到 150 毫米，降水量小，蒸发量大，溶解在水中的盐分容易在土壤表层积聚，所以这里的大部分地区是盐碱地。

盐碱地一直是荒凉、贫瘠的代表，位于青藏高原的青海省盐碱地面积约 3.2 万平方千米，绝大部分在柴达木盆地。植物要想在这里生存，不仅要抗寒、抗旱，抗盐碱、抗风沙也是必需的生存技能。

左页图：盐碱地上的盐生植物

—

右页图：盐角草

盐生植物如何避免盐的伤害？

植物生长时会从土壤里吸收无机盐，可一旦土壤盐分过高，许多植物就无法生存。但有些植物，口味偏重，专挑盐碱地这种地方生长，它们被称为"盐生植物"。大多数陆生被子植物是非盐生植物，只有 1% 左右为盐生植物，极为稀缺。

植物学家将盐生植物分为泌盐盐生植物、吸盐盐生植物和拒盐盐生植物 3 种，这是目前经常被采用的分类方式。

泌盐盐生植物具有泌盐结构，可将体内多余盐分排出体外，如二色补血草、柽柳等。吸盐盐生植物又称真盐生植物或积盐盐生植物，它的特点就是能把从外界吸收的盐分贮存在体内，并通过叶片、茎段肉质化提高含水量等方式降低盐离子对细胞的伤害，如盐地碱蓬、盐节木等。拒盐盐生植物又称假盐生植物，可通过避免环境中的盐离子进入细胞或将进入体内的盐离子贮存于根茎结合部等安全部位来避免盐离子的毒害作用，如大米草、芦苇等。这 3 种类型的盐生植物在中国均有分布。

2.13
梭梭：种子发芽最快的
"沙漠卫士"

中 文 名：梭梭

拉 丁 名：*Haloxylon ammodendron*

别　　名：琐琐、梭梭柴、盐木

分　　类：藜科，梭梭属

生长环境：沙丘上、盐碱土荒漠、河边沙地等处

国内分布范围：宁夏西北部、甘肃西部、青海北部、新疆、内蒙古等地

植物
名片

张胜邦　/　供图

强大的荒漠适应能力

柴达木盆地植被稀疏，种类稀少，以灌木、半灌木和草本植物为主，然而梭梭是个例外。盛夏时节，烈日炎炎，常常能看到成片的梭梭林在风沙中顽强挺立，倔强地用它们的绿色装点着无垠的荒漠。梭梭能在这里生长繁殖，并蔓延成片，这跟其适应环境的能力是分不开的。

梭梭的适应能力到底有多强呢？它耐旱，能适应降水量仅有几十毫米而蒸发量高达 3000 毫米的干旱环境；它耐寒，可以忍受零下 40 摄氏度左右的低温；它耐热，在气温高达 43 摄氏度，地表温高 60 ～ 70 摄氏度的情况下，仍然能够正常生长；而且梭梭的根系非常发达，主根能够不断弯曲，向下生长。

左页图：梭梭

张胜邦 / 供图

———

右页图：梭梭

　　更加聪明的是，为了减少水分的蒸腾，梭梭直接减去了自己的叶子，将叶子退化成为或尖或钝的叶鞘。可是没有了叶子，光合作用怎么办呢？于是，它将行使光合作用的功能转交给了枝条，梭梭枝条也具有叶绿细胞，可以进行光合作用。所以，枝条变成了绿色，这种绿色枝条被称为"同化枝"或"营养枝"。枝条继承了叶子的功能，也继承了落叶的特点。梭梭的大部分枝条不能木质化，一到秋天就从树上脱落，而不掉的枝条则木质化变成了老枝。由于梭梭一年一般只生长一次枝条，所以通过数梭梭分权的数量，便可以大致知道梭梭的年龄。

　　梭梭对生长环境要求不高，在荒漠和半荒漠地区分布广泛。它不仅抗旱、抗寒，还抗风、抗盐，生长迅速，成为沙漠地带主要的防风固沙树种，在维持、建设生态环境中发挥着巨大的作用，被誉为"沙漠卫士"。

发芽速度最快的种子

梭梭的种子由五枚花瓣变成的膜质翅保护着，远远看去，就像迎春的蜡梅，因此也被称为"沙漠里的梅花"。更为奇特的是，梭梭的果实背部还长着一对横生的小"翅膀"，这对"翅膀"紧紧连着半圆形的胞果，就像孩童手中的"陀螺"，使得梭梭成熟的果实可以借助风力散布到荒漠的各个角落，生根发芽，不断繁衍。

有一种说法认为，梭梭的种子在沙漠干旱的严酷环境下只能存活几个小时，是世界上已知植物中种子寿命最短的物种。无论这种说法是否准确，荒漠里干旱缺水，稀少的降雨很快又被蒸发，特殊的环境留给种子的存活机会确实不多。

如何充分利用这难得的生存机会呢？梭梭的种子练就了快速萌芽的技能，只要有一点点水，在两三小时内就会萌芽，用最短的时间迎来一次新生。几乎没有其他植物种子的萌芽速度能与它的相媲美，就算是发芽比较快的水稻、小麦和豆类，它们的萌芽时间都需要按天计算。梭梭的种子被认为是目前世界上发芽最快的植物种子，实至名归。

左页图、右页图：梭梭

梭梭是肉苁蓉的寄主

梭梭不但具有生态价值，在它的根部寄生有传统的珍稀补益类中药材肉苁蓉，具有较高的经济价值。但由于人为砍伐、过度放牧以及自然生态的恶化，梭梭林大面积死亡、萎缩，野生肉苁蓉资源日益枯竭。

因此，保护梭梭，也是在保护肉苁蓉种质资源。

2.14
沙拐枣:
花式"求"带走

植物名片

中 文 名：沙拐枣

拉 丁 名：*Calligonum mongolicum*

分　　类：蓼科，沙拐枣属

生长环境：流动沙丘、半固定沙丘、固定沙丘、沙地、沙砾质荒漠和砾质
　　　　　荒漠的粗沙积聚处

国内分布范围：内蒙古、甘肃、新疆、青海等地

翅膀或者刺，"离家出走"办法多

梭梭的邻居沙拐枣不耐烦等待那不知道什么时候才能从天而降的雨水，它精心"打扮"自己的种子，为了让种子尽可能远地传播，找到适合生存的地方，沙拐枣费了不少心思，不同种的沙拐枣果实演化出了不同的形状。

一类是带翅膀的，属于翅果派。在它的果实外缘长了四片棱状的"翅膀"，插上"翅膀"的种子不足 0.1 克，如红果沙拐枣、无叶沙拐枣等都属这个类别。

左页图、右页图：柴达木沙拐枣

一类是带刺的，属于刺果派。在果实外长满了刺毛，乔木状沙拐枣、头状沙拐枣等属于这一派。

一类是带膜的，属于囊果派。果实包在薄薄的膜中，像挂满了串串小灯笼，如脬果沙拐枣。

无论是哪一类，都是为了让种子能够顺利"离家"，踏上寻找"新家"的旅程。翅果、囊果的种子都非常轻，即使是微风也能将它们吹走；而刺果带着刺则能吸附到人、畜身上，被带到未知的远方，以此来实现生命的延续。

防风固沙的先锋植物

荒漠化，被称为"地球的癌症"，它威胁着全球 2/3 的国家和地区、1/5 人口的生存和发展。我国是世界上荒漠化面积最大、受影响人口最多、风沙危害最重的国家之一，荒漠化土地面积占国土面积的 1/4 以上。

历史上，我国的榆林城曾因沙进人退而被迫 3 次搬迁，西域明珠楼兰古城的消失、成千上万农牧民的流离失所都是由于沙化不断扩展。同时，荒漠化还影响着工矿企业、交通设施等的正常生产和安全运营。荒漠化问题与每个人息息相关。

在各种治理荒漠的方法里，栽植适宜在荒漠中生长的植物，防风固沙最有成效。而这些植物，多是在荒漠中"久经考验"的特有的旱生、强旱生低矮灌木、半灌木、半乔木等木本植物，以及沙生草本植物等固沙能手。

沙拐枣属的植物，是荒漠典型的沙生植物，是防风固沙的优秀"选手"。它不但跟梭梭拥有同样的技能，叶片退化，把光合作用的功能转给了绿色的"同化枝"；还有着更加发达的根系，主根可深至地面 3 米以下，水平根系分布在浅地表，可伸长至二三十米，也就是说，一株沙拐枣常占领着几十、几百平方米的面积，这保证了植株的水分供应，在有水分的条件时，水平根上还能萌发出新枝来。

几种大灌木的沙拐枣都有很强的生长能力，生根、发芽都很快，在沙地水分条件好的时候，一年就能长高两三米，当年就开始发挥良好的防风固沙作用。而且在大风沙条件下，沙拐枣"水涨船高"，生长速度远超过沙埋的速度，即使沙丘升高七八米，它也能在沙丘顶上傲然屹立，绿枝飘扬。

因此，人们选用它作为防风固沙的先锋植物。

左页图、右页图：柴达木沙拐枣

沙拐枣名字的由来

沙拐枣的名字很有讲究，名为"枣"，实际上是不能吃的，只是形容它的果实像枣一样挂满树枝。"拐"则是指枝条七拧八拐的形态，而"沙"就是它们的生境。

一听到这个名字，就能对它们的形态、生长地点猜个八九不离十了。

2.15
驼绒藜：
种子遨游太空

植物
名片

中文名：驼绒藜

拉丁名：*Krascheninnikovia ceratoides*

别　名：优若藜

分　类：苋科、驼绒藜属

生长环境：戈壁、荒漠、半荒漠、干旱山坡或草原

国内分布范围：新疆、西藏、青海、甘肃和内蒙古等地

驼绒藜的种子上了天

说到防风固沙、耐盐碱，就不能不提驼绒藜，它也是柴达木盆地的常见物种。由于长期在干旱、极干旱条件下生长，驼绒藜属植物体表面有一层银白色的星状毛，可以反射部分阳光的强烈辐射，减少对植物组织的危害，同时也减少了水分蒸腾，增强了抗旱性。

驼绒藜的主、侧根都很发达，形成纵横交错的根系网络，既可以吸收土壤表层的水分，也可以吸收深层土壤的水分，当土层中平均含水量在 2% 时仍然能够正常生长。根据抗旱试验测定，连续干旱 124 天，驼绒藜成活率为 97%，绿色茎叶 100%；反复干旱 2 次后，其成活率依然能够达到 93%。

如此优秀的种子选手，作为代表于 2022 年 6 月 5 日随神舟十四号载人飞船飞上太空，启动了耐盐碱、耐寒、耐旱牧草空间搭载实验。

科学家们希望通过太空环境的诱变作用，培育出更耐盐碱、更耐旱、更耐寒的品种，这将对全国畜牧业的发展和生态环境的保护起到重大作用。

左页图、右页图：驼绒藜·张胜邦 / 供图

驼绒藜是优良牧草

驼绒藜不仅可以防风固沙、保持水土，它当年生的嫩枝叶还是牛羊驼马等各类家畜的"美食"。

美食自然不能少了营养，驼绒藜富含营养，尤其是幼嫩枝叶的粗蛋白、粗脂肪含量高。随着植物的生长，植株体逐渐老化，虽然粗蛋白含量逐渐下降，但粗纤维和无氮浸出物含量有所增加，尤其在越冬期间，它依然含有较多的蛋白质，而且它的植株比较高，不易被大雪全部覆盖，地上部分茎能够保存良好，这成了一些地区家畜冬季重要的救命牧草。

驼绒藜具有返青早、枯黄晚、不掉叶的特点，并且它的产草量高，品质、味道和口感都不错，是改良天然草场最有前途的旱生植物之一。

113

2.16
盐角草：
顶着盐粒生长

中 文 名：盐角草

拉 丁 名：*Salicornia europaea*

别 名：海蓬子

分 类：藜科，盐角草属

生长环境：盐碱地、盐湖旁及海边

国内分布范围：辽宁、河北、山西、陕西、宁夏、甘肃、内蒙古、青海、新疆、山东和江苏

植物
名片

盐碱地上的亮丽身影

行驶在茫崖市区到艾肯泉的路上，沿途可见典型的盐碱地地貌，植被稀疏，地表常常能看到不同形状的雪白颜色，或零零散散，或连成一片，好似刚刚经历过一场初雪。烈日下，地面上的白色盐碱和裸露的石子都闪着夺目的光芒，特别刺眼。

生活在盐碱地区的人们有一段顺口溜："碱地白花花，一年种几茬，小苗没多少，秋后不收啥。"在这里，不仅是庄稼不爱长，知名的荒漠植物梭梭、沙拐枣、驼绒藜等也都不见了踪影。人类、动物、植物，所有的生命在大自然强大的力量面前，都渺小得不值一提。

左页图、右页 2 幅图：盐角草

　　突然，路边出现一小片水域，远远看到就不由得让人兴奋。要知道，在盐碱地，荒漠是主导地貌。水，哪怕是咸水，也是罕见的风景。

　　走近些，能看到水里生长着一簇一簇的矮小植物。

　　再走近些，可以看到这些植物有着鲜艳的紫红色，非常好看。

　　它们是盐角草，茎向上直立着从水中伸出来，普遍个头不高，最高的只有 30 多厘米，茎上长出很多肉质的小枝，气孔裸露，叶退化为鳞片状。茎和枝的表面有很多细小的白色盐粒，这些盐粒，是盐角草生命的"勋章"，说明这片水域的含盐量之高，也说明它们能在这里生存，有多么了不起。

盐角草如何对付盐?

盐碱地是一种土壤顽疾,被称为"地球之癣"。在高浓度盐的环境下,非盐生植物的生长被严重抑制,甚至死亡,而盐生植物则可以存活。盐生植物在高盐环境下正常完成生命周期的这种能力被称为抗盐性。

要想在盐碱地活着,必须有独特的对付盐的本事才行。

盐角草是典型的吸盐盐生植物。大多数吸盐盐生植物为了适应环境,身体形态会发生明显的变化,叶子或者茎秆呈现肉质化特征,可以把从土壤中吸收的盐分锁在硕大的液泡中,避免受到盐的伤害。

盐角草吸收储存盐碱的特殊细胞叫"盐泡",能把水分中的盐碱蓄积起来,不影响植株正常生长。因为有高浓度的盐分聚集在体内,盐角草的根系可以更加轻松地吸收水分,甚至水分会近乎"主动"地渗透到它的根系中来。

有了这种本领,盐角草在含盐量达 0.5% ~ 6.5% 的高浓度潮湿盐沼中也可以自由生活。有研究显示,盐角草在含盐量为 3% ~ 5% 的氯化钠盐水灌溉区生长最快,也可以在 3 倍于海水盐分浓度的环境下生长,是地球上最耐盐的高等植物之一。

盐碱地的"多功能选手"

盐角草强大的抗盐性，注定它是盐碱地的"先锋植物"，可用于盐碱地的综合改良。

另外，盐角草营养丰富，是一种潜在的优良油料作物和饲料作物；其萃取物可以用来开发功能性化妆品和环境用品等；它可作为开发钠盐等化学品的工业原料；它还是传统中药之一，全株可入药，在临床上具有利尿作用。

左页图、右页图：盐角草

2 . 17
柽柳：固沙成包
自 婀 娜

中 文 名：柽柳

拉 丁 名：*Tamarix chinensis*

别　　名：西河柳、三春柳、红柳、香松

分　　类：柽柳科，柽柳属

生长环境：河流冲积平原，海滨、滩头、潮湿盐碱地和沙荒地

国内分布范围：野生柽柳主要分布在辽宁、河北、河南、山东、江苏、安徽
　　　　　　　等地；栽培的柽柳主要分布在我国东部至西南部

植物
名片

沙漠中的美丽身影

沙漠中，柽柳可谓一景。在黄沙包围中，一个个凸起的柽柳沙包非常醒目。柽柳枝条细柔，树冠茂密，或紫红或淡红的花呈穗状开在嫩绿的枝叶顶端，似团团云霞，漫卷轻飘，成为沙漠中最具生命色彩的植物。

它名叫柽柳，实际上与柳树并无瓜葛，通常说的柳树——垂柳是杨柳科柳属植物，而柽柳是柽柳科柽柳属植物。称它为"柳"，多半是由于它的果实成熟时会飘出飞絮，与柳絮相似，再加上它婀娜多姿的身影也跟柳树有几分神似吧。

柽柳是最能适应干旱沙漠生活的树种之一。它的根很长，最长可达几十米，可以最大限度地从地下深层吸收水分和营养。沙漠植物最怕的漫天风沙，在柽柳这里却不是事儿，被流沙埋住后，它的枝条能够很快生出

左页图：柽柳包

—

右页图：开花的柽柳

不定根，顽强地从沙包中探出头来，继续向上生长。甚至，黄沙再次被大风吹走，它的根直接裸露在外，风吹日晒，干枯了，它仍然弯曲挺立着，保持着守护者的姿态。

柽柳以其独特的生理特性适应着严酷的生态环境，在极端高温 47 摄氏度和极端低温零下 40 摄氏度、含盐量 1% 以上的重度盐碱地都能正常生长发育。柽柳也极耐修剪，繁殖力和再生力很强，枝干即使被刀割斧砍后也会很快发出新枝；剪断一节枝条，随便插到土里，很快会生出新根，然后长成一棵新树。

有研究证实，海啸过后，柽柳被海水浸泡 10 天还是好好的。

坚韧又美好，用来形容柽柳，最恰当不过了。

可以计年的柽柳包

　　柽柳每年4月中旬开始发芽、生长，7月以后生长速度减缓，10～11月枝叶开始枯黄、凋落。每年秋季落在沙面上的枯枝落叶，经冬季霜雪的压实，便形成枯枝落叶层，次年春季开始，落叶层被风沙掩埋，又形成沙层。就这样年复一年地堆积，枯枝落叶层、沙层不断叠加，不仅使柽柳越长越高，还使它周边的沙包逐年增高，高度可达10米。枯枝落叶层和沙层的交替沉积，形成了清晰的层理构造，这就是柽柳沙包年层，它像树木的年轮一样，可以用来计年，地质学者曾在罗布泊地区实地测出层理达623层的柽柳沙包。

　　沙包不仅能计年，每一个年层还能反映当年的自然条件，比如每一个年层的厚度，可以反映出当年的风强、沙尘暴次数以及柽柳的生长情况。通过对枯枝落叶的稳定同位素测定，可以研究不同时期当地的二氧化碳、温度等的变化。这些信息为科学家们研究当地的环境变化提供了准确的依据，使我们对过去的认识更加明确，也有助于预测未来环境变化的趋势。

左页上图、下图：柽柳包

—

右页图：开花的柽柳

柽柳名字的由来

"柽"这个字是专门用于柽柳的，一种乔木或灌木植物，用"木"字偏旁很容易理解，但是跟"圣"有什么关系呢?

宋朝《尔雅翼》中写道："天之将雨，柽先知之，起气以应，又负霜雪不凋，乃木之圣者也。故字从圣，又名雨师。"民间有传说，柽柳是有灵性的，它可以感应天气的变化，在下雨之前开花，雨越大花会越红。由于民间传说赋予了柽柳"知雨负雪"的能力，所以它被称作"木之圣者"。

柽柳枝叶纤细，花簇娇艳，婀娜可爱，一年开花两三次，所以又有了"三春柳"的美名。

柽柳还可入药。高寒的自然气候，使高原人很容易患风湿病，柽柳的嫩枝和绿叶是治疗这种顽症的良药。因此，当地老百姓亲切地称它为"观音柳"和"菩萨树"。

2.18
胡杨：
"不死"的传奇

中 文 名：胡杨

拉 丁 名：*Populus euphratica*

别　　名：胡桐、异叶杨、变叶杨

分　　类：杨柳科、杨属

生长环境：北纬 37 ～ 47 度之间的广大地区，多生于盆地、河谷和平原

国内分布范围：内蒙古西部、甘肃、青海、新疆

从远古走来的"沙漠英雄"

与柽柳包遥遥相望的还有胡杨包，它们散落在沙漠中，背风的一面仍然生机勃勃，迎风的一面，却已是骸骨遍地。

胡杨，耐旱耐涝，生命顽强，是唯一能在大漠成林的落叶高大乔木，在我国西北地区，广泛传颂着它"活着千年不死，死后千年不倒，倒后千年不朽"的传奇。

实际上，胡杨的树龄一般是 100 ～ 300 年，科学家们迄今为止能找到的寿命最长的胡杨树，也只有 300 多年。千年寿命的传说，是胡杨无性繁殖的结果。在荒漠条件下，胡杨种子很容易因为失水而丧失繁殖能力，但胡杨树强大的水平根系及时弥补了这一不足。这些水平根系具有旺盛的萌芽能力，在土壤水分条件较

左页图：沙漠中的胡杨包

—

右页上图、下图：胡杨

好，盐碱不太重的情况下，能萌发出大量幼苗，这成为胡杨自然繁殖的主要方式。一棵胡杨树周围100米以内，可从根部萌发繁殖出数十株甚至更多的后代，使人误以为看到的都是同一棵树。

"千年不倒"是由于胡杨的根系十分强大，主根可以扎到地面10米以下的沙层，能不断地从地下水中吸取水分和养料。成年胡杨的横向根系密织如网，长度可达百米，只要100米内有地下水，它的根就自动找过去了。这是它为了广揽水分维持生存的一种本能，也正因如此，它能紧紧抓住脚下的沙土而屹立不倒，发挥防风固沙的强大功能。

"千年不朽"则跟胡杨生长的干旱环境有关，干旱不仅威胁着植物的生存，也抑制了微生物的活动，而有机体的腐烂，正是微生物进行分解的结果。因为缺乏微生物的加入，胡杨自然能保持长时间不朽。

物竞天择，适者生存。胡杨，是来自第三纪残余的古老树种，在地球上已经生活了6000多万年。在第四纪早、中期，胡杨逐渐演变成为荒漠河岸林最主要的树种。它曾经广泛分布于中国西部的温带暖温带地区，新疆库车千佛洞、甘肃敦煌铁匠沟、山西平隆等地，都曾发现胡杨化石，证明它是第三纪残遗植物，距今已有6500万年以上的历史。

胡杨从远古走来，带着它不屈的生命密码，续写着新的传奇。

左页左图、左图右图、右页上图：不同形状的胡杨叶子

右页下图：秋天的胡杨 · 张胜邦 / 供图

聪明的叶子会"变形"

叶子，作为植物的蒸腾器官，在沙漠中是一个奢侈的存在。很多荒漠植物为了生存，不得不将美丽的叶子退化为"营养枝"，让自己看起来像个没有叶子的"怪物"。而胡杨，不仅有着伟岸的身躯，还有繁茂又宽大的树叶，把自己活成了沙漠里最壮美的景观。

其实，胡杨也在叶子上"动了手脚"，走近了看，就能发现它的树叶变化多端，在不同阶段长出的叶子的形状、大小各异，于是，出现了同一棵胡杨树上长着酷似枫叶、杨叶和柳叶 3 种不同叶子的奇观。也因此，人们称它为"三叶树"或"多叶树"。

同一棵胡杨树，为什么会有不同的叶子呢？这是胡杨为了适应干旱的环境，调节水分吸收和蒸发的平衡，不得不练就的"超能力"。

在幼苗期,由于根系不强大,汲取水分的能力比较弱,嫩枝上的叶子便狭长如柳叶,这样能有效减少水分的蒸发。

随着树龄增大,根系也逐渐强大起来,汲取水分的能力增强,叶子便越来越宽,大树老枝条上的叶子常圆润如杨叶,还有的叶子边缘有很多缺口,又有点像枫叶,所以胡杨又有"变叶杨"和"异叶杨"的别名。

刚毅的胡杨会"流泪"

胡杨能在高度盐碱化的土壤上顽强生长,跟它超群的本领是分不开的。

胡杨的细胞透水性比一般植物要强,能"储水",在有水的条件下,从主根、侧根、躯干、树皮到叶片都能吸收水分。这样,一旦外界没有水分的供应,依靠储存的水分,胡杨依然可以维持相当长时间的生命。

盐碱地里的水分,不仅有水,还有相当高的含盐量,胡杨能通过茎叶的盐腺排泄盐分。当体内盐分积累过多时,胡杨还能从树干的节疤和裂口处将多余的盐分自动排泄出去,经过阳光长时间的照射,形成白色或淡黄色的块状结晶,这些结晶被称为"胡杨泪"或"梧桐泪"(因叶似梧桐叶而得名),俗称"胡杨碱"。

胡杨泪实际上是胡杨为保护自己而排出的体内的盐分,排出了盐,剩下了水,自然减少了对树体的伤害,胡杨就能更加健康地成长了。

胡杨碱的成分是碳酸钠,也就是苏打,是

一种质量很高的生物碱，其碱的纯度高达 50% 以上。当地居民用它来发面蒸馒头，还可以将其制成肥皂使用。一棵成年大树每年能排出数十千克的盐碱，胡杨有这样"拔盐改土"的能力，也难怪被称为"沙漠英雄树"了。

胡杨是"最美丽的树"

胡杨喜欢湿润的沙质土壤，所以沙漠河流流向哪里，胡杨就跟随到哪里。而沙漠河流的变迁又相当频繁，于是，胡杨在沙漠中处处留下曾经生活的痕迹，也见证了中国西北干旱区走向荒漠化的过程。如今，在沙漠中只要看到成列的或鲜或枯的胡杨，就能判断那里曾经有水流过。

维吾尔族人称胡杨为托克拉克，意为"最美丽的树"。每到秋季，正是胡杨最美的时节，它换上金色华服，宛如身披铠甲的将士，迎着风沙，傲然屹立，守护着这片土地上的生灵。

右图：胡杨·张胜邦 / 供图

第三章

植物与动物·共生搭档

喜马拉雅，世界最高的山脉。

青藏高原，世界最高的高原。

这里，被称为"世界屋脊"、地球的"第三极"，"生命禁区"是人们对它的认识。

独特的气候孕育了独特的生态系统，植物在这神奇的大山和荒漠中生长、繁荣。在这里，与植物相依为命的，还有动物。植物与动物之间的关系，因这特有的生态圈，也变得复杂起来。

有的事关生计，成为对方的盘中餐。地衣松萝，是滇金丝猴冬天的主要口粮；也有植物吃动物的，狸藻能捕食水中微小生物来获取养分。

有的为了繁衍需求，拼命向对方示好。川续断宠爱传粉昆虫的方式最直接，就是提供超级可口的蜂蜜；而高山杓兰，直接给熊蜂造了一个"家"。

有些植物和动物甚至结成了生死搭档，不离不弃。紫花象牙参和长喙虻就是这样的一对，紫花象牙参的花蜜只为长喙虻而备，长喙虻也总是如约而来，帮助紫花象牙参完成生命的延续。

在这片神秘的大地，植物与动物相互依存，共同演绎着生命的奇迹。

请扫码观看本章精彩视频

塔黄：
昆虫的"旅店"

中文名：塔黄

拉丁名：*Rheum nobile*

别　名：高山大黄

分　类：蓼科，大黄属

生长环境：海拔 4000 ～ 4800 米的高山石滩及湿草地

国内分布范围：西藏喜马拉雅山麓及云南西北部

植物
名片

慷慨好客，提供温暖"客房"

在寒冷的高山，一株塔黄身材魁梧，美得张扬。它以硕大的奶黄色苞片为屋瓦，搭建起一个温暖的空间，植物学者把具有这种功能的植物称作"温室植物"。像这样的温室，这样亮丽的颜色，在高原很受欢迎。

下雨了，流石滩陷入刺骨的阴冷。这时，对昆虫而言，最明智的选择，是赶紧躲进塔黄温暖的怀抱。入住以后，它们发现塔黄这位主人实在慷慨好客，不仅提供温暖的客房，还有香甜的食物——花粉和花蜜。

要知道，高海拔地区的昆虫种类稀少，活动欲望低下，而塔黄依然保持非常高的授粉率，可谓手段高明。

塔黄小小的花朵完全藏在苞片遮盖的温室里，根本无法吸引昆虫，这时又大又鲜艳的苞片充分发挥自己的优势"招蜂引蝶"，苞片能显著增加传粉昆虫的拜访次数。既能遮风避雨，还有甜美的花粉享用，这里真是昆虫最好的"旅店"。

塔黄给昆虫提供食宿，可不是无偿的。昆虫是它完成繁衍使命中不可或缺的"棋子"，替它授粉。吃饱喝足之后，全身沾满花粉的昆虫再飞去其他的植株上停歇，就帮塔黄完成了传粉。在昆虫的帮助下，塔黄结出了鲜红的果实。

塔黄依靠着演化的策略，还有高山植物特有的顽强品格，数百万年来以风雪为伴，屹立在高山流石滩上。

左页图：塔黄的花和种子

右页图：昆虫在塔黄苞片内

与迟眼蕈蚊的约定：你帮我传粉，我为你育儿

在雪域高山上，传粉昆虫非常抢手。塔黄选择跟迟眼蕈蚊合作，结成密切的共生关系。

为了邀请这位合作伙伴，塔黄开花时会挥发一种特殊的气味，对迟眼蕈蚊来说，这种气味是一种精密的化学"导航"，指引迟眼蕈蚊快速找到塔黄。在迟眼蕈蚊的产卵季节，雌雄迟眼蕈蚊在塔黄的苞片上互相熟悉，寻找心仪的另一半，完成交配。随后，塔黄的苞片内便成了迟眼蕈蚊温暖的育儿室。雌性迟眼蕈蚊毫不客气地躲进温室，享受起没有风雨、饭来张口的安逸日子。

　　在这个过程中，黏附在迟眼蕈蚊身体上的花粉，会在它到处进餐时帮助塔黄完成传粉。随后，迟眼蕈蚊将卵产入一部分花的子房里。迟眼蕈蚊的幼虫以成熟的种子为食，直到幼虫完成发育。为了完成传粉大计，塔黄要贡献出大约 1/3 的种子用来喂养迟眼蕈蚊的幼虫。

　　当迟眼蕈蚊幼虫发育完成之时，塔黄的种子也已成熟，塔黄的生命接近尾声，高原的寒冬即将到来，幼虫感受到这些枯黄的叶子再也无法保护它，便钻进石缝寻找新的庇护，以度过漫长的冬天，等待明年花开时再与塔黄相聚。

这正是塔黄和迟眼蕈蚊之间的约定——塔黄为迟眼蕈蚊提供住所和食物，使它们能够繁衍生息，作为回报，迟眼蕈蚊为塔黄传粉。塔黄与迟眼蕈蚊，互相帮助，完成了生命的整个循环。这一合作，同时帮助了两个种族达成繁衍目的。

合作，是生物进化永恒的主题，也是流石滩恶劣环境下物种演化出的生存密码。

左页图：昆虫在塔黄苞片内

—

右页图：秋天的塔黄

松萝：滇金丝猴的"主食"

中文名：滇金丝猴

拉丁名：*Rhinopithecus bieti*

分　类：猴科，仰鼻猴属

生长环境：海拔 3000 米以上的高山暗针叶林带，活动范围为海拔 2500 ～ 5000 米的高山

国内分布范围：中国特有的珍稀濒危灵长类动物，仅分布在中国川滇藏三省区交界处，喜马拉雅山南缘横断山系的云岭山脉当中，澜沧江和金沙江之间一个狭小地域

动物名片

菌物
名片

中 文 名：松萝

拉 丁 名：*Usnea diffracta*

别　　名：女萝（《诗经》）、松上寄生（《本草纲目》）、
　　　　　松落、树挂、天蓬草等

分　　类：菌物，枝状地衣

生长环境：主要在高海拔、气候湿润且空气污染程度低
　　　　　的地区

国内分布范围：森林资源丰富的地区均有分布

稳固的"三边"互惠关系

不同于塔黄和迟眼蕈蚊的简单"双边"关系，在白马雪山，松萝、冷杉和滇金丝猴有着更加复杂的"三边"关系。

在青藏高原东南部的高寒原始森林中，生活着世界上栖息地海拔最高的灵长类动物——滇金丝猴，它们平时大多活动在海拔 3500 ～ 4500 米的冷杉林中，冷杉树枝上挂满的松萝是它们最主要的食物来源。

松萝是一种多年生的由真菌和藻类共生而成的生物类群，属于地衣家族的枝状地衣，它没有根、茎、叶的分化，用假根固定在岩石或树皮上。这些松萝寄生在冷杉上，随风飘扬，如纱如帐，构成了一道独特的风景。

但是，有谁知道冷杉的感受呢？寄生在冷杉上的松萝，不仅会抑制冷杉的生长，生长旺盛时，甚至会使冷杉"窒息"而死。

左页图：滇金丝猴

—

右页图：云冷杉林与松萝

　　冷杉是松萝生存依附的基础，毫无疑问，松萝也希望冷杉能够健康苗壮，做自己永远的依靠。可是，松萝又有什么办法让自己家族的壮大适可而止呢？

　　幸亏，这里还有滇金丝猴。冷杉林也是滇金丝猴的重要栖息地，在长期进化过程中，滇金丝猴似乎知道如何控制松萝的长势，它们在丛林中大范围地游荡，把松萝当作主食，走到哪里吃到哪里，既能保证自己有足够的松萝吃，又可以控制松萝过分蔓延，维护冷杉的健康。

　　如此，松萝给滇金丝猴提供食物，冷杉给滇金丝猴提供庇护所，滇金丝猴通过吃松萝来控制松萝的数量，为松萝和冷杉都营造一个适合生长的环境。松萝、冷杉、滇金丝猴三者之间，就这样形成了一种微妙的共生关系，其中任何一个角色的消失，都将影响生态平衡。

滇金丝猴为何"钟情"松萝？

滇金丝猴津津有味地吃着松萝，是比较常见的场景。学者们研究发现，松萝是滇金丝猴最主要的食物。响古箐的滇金丝猴的食物构成中，松萝占比 50.6%；吾牙普牙的滇金丝猴，全年取食松萝的时间达到 82.1%，很少取食其他食物；塔城的两群滇金丝猴取食的松萝在其食物构成中占比达到 60%；在远距离观察中发现，小昌都的滇金丝猴猴群取食食物中松萝约占 50%……无论生活在哪里，松萝都是滇金丝猴最"钟爱"的食物。

究其原因，松萝全是占了"地利"之便。在滇金丝猴的活动区域，松萝几乎随处可见，是一种分布广泛、生物量较高，且全年能够摄取的食物资源。尤其是冬季，高营养的食物资源匮乏，松萝便成了滇金丝猴必须选择的食物。但是在春、夏、秋 3 个季节，滇金丝猴食谱中的嫩叶、果实、竹笋比重大大增加，松萝的摄入量就会相应减少。滇金丝猴的这种取食行为，反映了它们根据食物的质量状况进行自身调节的取食策略。

松萝虽然没有鲜美的味道和清脆的口感，却不受季节限制，随时都能提供充足的能量。它附着在树上，采集起来非常方便。与裸子植物成熟的叶片相比，松萝富含维生素 D，纤维含量更低，更易于消化。另有研究显示，除松萝中含有大量滇金丝猴所必需的营养物质之外，在特定时期能够以苦涩的松萝为主要食源，可能也与滇金丝猴嗅觉系统退化有关。

盛夏时节，春天出生的小猴子正品尝着松萝，边吃边玩，它们还不知严寒为何物，更不会知道在大雪纷飞、冰封三尺的冬天里，这些苦涩的松萝将会是它们唯一的食物。

松萝：优秀的"环境监测员"

松萝类的地衣没有根、茎、叶，相较于高等植物，它们对环境的变化更为敏感，虽然具有超高的耐寒及耐旱性，但对空气却有着严格的要求。只有在空气新鲜的地方，它们才能安然生长，一旦环境被污染，松萝能迅速做出反应甚至死亡。这就是为什么我们很难在空气质量差的城市看到松萝。

松萝因此被称为特殊的"环境污染指标"，科学家们通过分析松萝体内的污染物及其含量，就可以对周围环境进行定量监测。

左页图：挂在树上的松萝

右页图：滇金丝猴在吃松萝

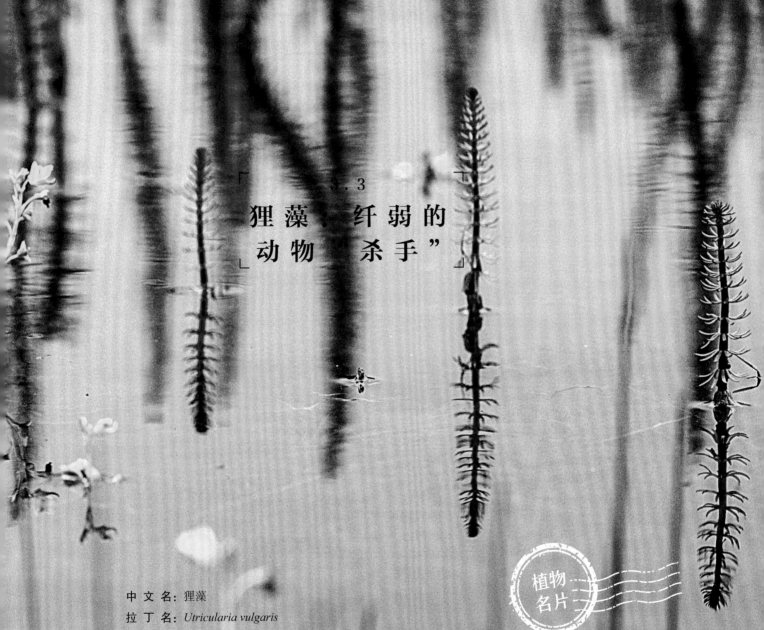

「 ᵔ.3
狸藻 纤弱的
动物 杀手”」

中 文 名：狸藻

拉 丁 名：*Utricularia vulgaris*

别　　名：闸草

分　　类：狸藻科，狸藻属

生长环境：海拔 50 ～ 3500 米的湖泊、池塘、沼泽及水田

国内分布范围：黑龙江、吉林、辽宁、内蒙古、河北、山西、陕西、甘肃、青海、新疆、山东、河南和四川西
　　　　　　　北部等地

植物
名片

左页图：狸藻（开黄花的植物）

右页图：狸藻的捕虫囊
方震东 / 供图

肉食性植物的无奈

动物吃植物，似乎天经地义，实际上，也有很多植物是反过来吃动物的。在漫长的演化过程中，植物和动物，相互依存，密不可分。但在人们已经习惯了动物吃植物的自然法则时，吃动物的植物总是给我们带来更多的惊奇。

这片生长在水中的狸藻，纤弱娇嫩，开着跟它的身材比例相协调的可爱小黄花，它的茎柔软细长，在水中随波荡漾，看起来跟普通的水草没什么两样。

事实上，狸藻能活得悠然自在，并不容易。它水下的部分，几乎没有根，简单的光合作用已经满足不了它的营养需求，常常要靠水下的捕虫囊捕食水蚤、孑孓等水中微小生物来获取养分。一棵狸藻有上千个捕虫囊，这些捕虫囊在水中形成了一个捕虫的天罗地网，当水中微小生物想寻求庇护或者被捕虫囊分泌的甜液香味所吸引，一旦靠近狸藻，立刻就被吞噬，狸藻因此得到了"水中猎手"的称号。

狸藻有构造精密的捕虫囊，通常能在百分之一秒的瞬间将猎物吸入囊中，而且可以很快消化吸收，待猎物被基本消化，囊内重新形成真空环境，这时候，捕虫囊又恢复成半瘪状态，等待着下一个猎物前来自投罗网。

绝大多数捕虫植物是由于缺乏营养才走上这条路的，狸藻也是如此，它只有在消化猎物获取养分后，才能开花结果。因此，捕食小动物，成为狸藻生存下去的必要手段，并逐渐演化成为它的天性。

狸藻可能更喜欢"素食"

虽然拥有精巧的捕猎装备，但是科学家在检查了捕虫囊里的猎物后发现，狸藻的捕虫能力其实很一般，每一个捕虫囊里的小动物少得可怜，更多的反而是藻类。

这跟捕虫囊的运作机制有关，这个机关是自动触发的，比较盲目。它没有能力分辨究竟是猎物上门，还是环境中的风吹草动。无论是成虫，还是水中活动的昆虫幼虫都能触发捕虫囊的"开关"，然后捕虫囊就会把周围水体里的所有东西都吞下去。因为没有过滤机制，连着一起被吞下的，还有水体中的各种藻类以及植物碎屑等环境物质。

事实上，狸藻的捕虫囊里已经发现超过一百多种藻类，几乎包含了所有生活在淡水体中的藻类。这些靠光合作用提供营养的藻类，绝大多数不能在捕虫囊封闭的环境中生存、繁衍，只能慢慢死亡、被分解。因此，科学家怀疑，狸藻的营养来源可能更多的是捕虫囊中的各种藻类，而不是水中的浮游动物。

当然，这种素食性在食虫植物中并不少见，有名的食虫植物家族猪笼草中也有这样的异类——苹果猪笼草。这与苹果猪笼草的生活环境有关，它们长期生活在落叶丰富的树林中，因此特化出吃素的特性。同样地，狸藻是分布广泛的淡水中的沉水植物，比起动物，植物残渣确实算得上更稳定的食物来源，狸藻发展出吃素的本事也就不足为奇。

生存的法则就是这样，和环境互相适应，有什么就吃什么，吃素也一样能补充营养，这才是食虫植物最开始演化的目的。

狸藻科植物捕虫方式多样

狸藻科植物品种众多，形态各异，大多栖息在水中，有少数生活在陆地，其中还有极少数生长在苔藓植物或者枯枝败叶上。当然，它们只是附生在其他植物上，并非寄生，狸藻科植物都能自食其力，通过捕食悬浮在空气中的小生物来保证自己的营养。

左页图：狸藻的黄色小花

右页图：水塘里的狸藻

　　狸藻科植物有捕虫的习性，只是各自的捕虫方式并不相同。

　　挖耳草是狸藻科狸藻属的陆生小草本植物，它的捕虫囊长在叶子和匍匐的枝上，即便开花后叶子枯萎了，捕虫囊也不会立刻消失，依然可以捕杀一些小动物为植物提供养分。

　　狸藻科捕虫堇属的植物，全属都是食虫陆生植物，但它们没有捕虫囊，靠叶片上分泌黏液的腺毛来粘捕小昆虫。小虫一旦被粘住，就再也逃脱不掉了。

　　狸藻科植物，为了生存跟动物斗智斗勇，不惜背负"杀手"的恶名。对它们来说，被称作什么已经不重要了，活着，才是最重要的。

海菜花：被误解的
"水性杨花"

中文名：海菜花

拉丁名：*Ottelia acuminata*

别　名：海菜、海茄子、龙爪菜、水白菜、异叶水车前

分　类：水鳖科，水车前属

生长环境：湖泊、池塘、沟渠及水田中

国内分布范围：为我国特有种，主要分布在云南的大理、洱海等地，广东、海南、广西、四川和贵州也有分布

植物
名片

寿命只有一天的水上花

植物与动物的依存，除了表现在食物链上的紧密连接，还有来自繁衍的需求。

泸沽湖，位于青藏高原的东南部，海拔2600多米，被高山环绕，形成相对高差约1500米的壮观景象。泸沽湖大型水生植物沿湖呈带状分布，其分布面积约占泸沽湖总面积的15%左右。其中，沉水植物占绝大多数，最有名的就是海菜花。

海菜花生长在靠近湖边的浅水区，整个植株完全浸没在水中，水下茎叶交错，繁茂如"森林"，但这给繁衍造成了烦恼，要想让昆虫传粉，它必须想办法让花朵开在水面之上。

又细又长的叶柄承担了这个重任，从根部向水面延伸，铆足了劲向上生长，在较深的水域，叶柄最长可以达到两三米。在快要开花的季节，海菜花集结全身的力量，用叶柄将花苞送出水面。

左页图：泸沽湖里的海菜花

—

右页图：水下的海菜花植株

花朵终于在水面上绽开，洁白如雪，随波荡漾。海菜花的花为两性花或雌雄异株的单性花，每株可生出多个花序，尽管每朵花开放的时间仅为一天，但花朵陆续开放，形成接力，花期比较长，从4月开始零星开放，能一直持续到11月。

因为只有一天的寿命，它们必须全力吸引昆虫。为海菜花传粉的主力是一种体长只有两三毫米的水蝇，蜜蜂和蝴蝶偶尔也会来热心帮忙。

散发独特的气味，是海菜花吸引传粉昆虫的秘笈，正是因为这种气味的独特，再加上摇曳的风姿，海菜花又有了一个别名：水性杨花。

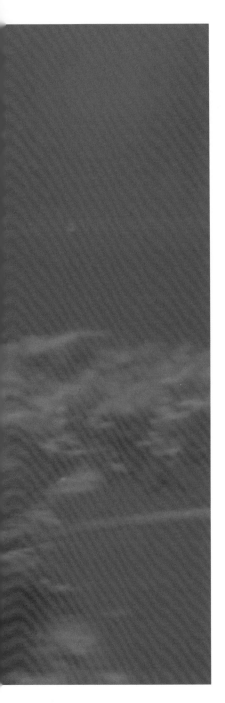

左页图、右页图：盛开的海菜花

洁身自好，水质的"试金石"

事实上，海菜花的禀性与这个别名的寓意完全相反，正如它宁静素雅的外表一样，海菜花绝不会在污浊的水中苟且偷生，它对水质的要求非常严苛，只能生长在纯净的活水中。云南当地的童谣这样传唱："海菜花，开白花，爱洗澡的小娃娃，清清的水，不带泥也不带沙，滇池到处是海菜的家。"

海菜花的出现、消亡都与水质紧密相关，水的透明度没有两三米它不会选择，水质在Ⅲ类以下或者稍微在种植时添加肥料它都会死掉。因为海菜花是沉水植物，整个植株都在水面以下，但依然需要光照来进行光合作用，为整个植株提供足够的营养。一旦水质受到污染，透明度降低，影响了光合作用，海菜花就很难存活。因此，海菜花也就有了"水质试金石"的称谓，也被称为"环境检测员"，它只在清澈的浅水区清幽绽放。

以前，海菜花曾经广泛分布在我国的南方，但随着经济发展、人口聚集和生产生活方式的变化，海菜花的生长环境受到污染，在很多地方逐渐难觅其踪迹。

1996 年，在国务院发布的《中华人民共和国野生植物保护条例》中，海菜花被列为国家二级保护植物。2017 年，海菜花被《中国高等植物受威胁物种名录》列为易危物种。

海菜花的"海"是什么海？

姓"海"的海菜花，实际上是淡水植物，这里的"海"跟"洱海"的"海"一样，都是大湖的意思。

在高原地带，周边没有大海，由于当时交通工具的限制，古人也很难见到真正的大海，所以常常把规模比较大的湖泊叫作"海"。这样的"海"，除了洱海之外，在云南还有丽江的拉市海、昆明的阳宗海，以及四川的牛奶海、邛海等。

既然湖泊被夸大为"海"，那这种从"海"里打捞出来的植物，用水洗净之后，便成了民众经常食用的蔬菜，人们称之为"海菜"抑或是"海菜花"。

清代的《植物名实图考》中，有人们采食海菜花的记载："海菜，生云南水中……花罢结尖角数角，弯翘如龙爪，故又名龙爪菜。水濒人摘其茎，煤食之。"

海菜花营养丰富，含有多种微量元素，是一种低热量、无脂肪的野生绿色食品，做法也多种多样，不仅可以烧汤、凉拌，还可以炒着吃，口感清爽滑嫩。在云南，大理白族、丽江摩梭人等人群都有悠久的食用海菜花的传统。

海菜花是一种极具开发潜力的植物资源，但也需要人类的精心呵护。见到野生海菜花，请大家手下留情。

海菜花的药用价值

海菜花是一种传统中药材，入药治咯血、热咳、哮喘、便秘、小便不利、淋症、水肿等多种疾病。

国内科学家发现，与海菜花同属的龙舌草对结核杆菌有较强的抑制和杀灭作用。在传统中药中，海菜花与龙舌草的植物种间亲缘关系相近，含有的化学物成分和比例也大致相同，因此，海菜花很可能具有更为广阔的药用价值。

左页图：泸沽湖

—

右页上图、下图：盛开的海菜花

161

「 3.5 」
与传粉者斗智斗勇，
各出奇招

中 文 名：高山杓兰

拉 丁 名：*Cypripedium himalaicum*

分 类：兰科，杓兰属

生长环境：海拔 3600 ～ 4000 米的林间草地、林缘或开旷多石山坡

国内分布范围：西藏南部至东南部

植物
名片

高山杓兰：给熊蜂造个"家"

不同于海菜花的内敛含蓄，高山杓兰是个玩构造的高手，它的花瓣造型十分独特，最醒目的，当属这个巨大如同勺子一样的"大口袋"——唇瓣。杓兰属的属名 *Cypripedium* 是由两个希腊字组成的，意思是"维纳斯的拖鞋"，所以杓兰也被称为"仙女的拖鞋"。

但在如此巨大的唇瓣里，有花粉，却没有任何花蜜作为报酬提供给昆虫。那么，昆虫为什么要帮它们传粉呢？

高山杓兰有着高超的伪装手段，走的是欺骗路线，它的唇瓣是专门为昆虫准备的"陷阱"。

上图：高山杓兰

熊蜂喜欢在草丛、树木或者岩壁的缝隙里筑建自己的爱巢，而高山杓兰造型独特的唇瓣正是模拟成了熊蜂的巢穴，唇瓣的开口处，就如同一个熊蜂的巢穴入口，当熊蜂误以为这里是它的家，进入这个洞口的时候，它就进入了高山杓兰的唇瓣内。

另外，受骗的还有以真菌为食的昆虫。高山杓兰的花朵会散发出类似真菌的气味，昆虫们以为自己闻到了食物的味道，忍不住诱惑也钻进"口袋"一探究竟。

唇瓣里面的空间非常狭小，一旦昆虫被骗进来，带走花粉的概率就是百分之百，而它们逃跑的路线早就被高山杓兰规划好了，只此一条单行线。昆虫在逃跑时，背部会粘上花粉，当它们访问下一朵高山杓兰的时候，背部的花粉就会粘到花的柱头上，从而完成传粉的过程。

也不是所有的杓兰都是"骗子"。有研究发现，暖地杓兰唇瓣上的白色附属物能为传粉昆虫提供食物，或许，暖地杓兰是多种传粉机制并存。植物为了适应环境所做的努力，远比我们认识的复杂。

中 文 名：甘西鼠尾草

拉 丁 名：*Salvia przewalskii*

别　　名：紫丹参、红秦艽

分　　类：唇形科，鼠尾草属

生长环境：海拔 2100 ～ 4050 米的林缘、路旁、沟边、灌丛下

国内分布范围：甘肃西部、四川西部、云南西北部、西藏

上图：甘西鼠尾草的花朵

下图：花朵与昆虫

甘西鼠尾草：精心构造藏花蜜

伪装和欺骗，都是吸引昆虫的手段，为了得到传粉者的青睐，高原上的植物费尽了心思。

甘西鼠尾草为了确保昆虫能够带走自己的花粉，进化出了"丁"字形构造的雄蕊，并且将花蜜藏在花朵的底部。当传粉昆虫入花采蜜时，独特的构造便能轻松地把花粉抹在昆虫背部，成功传粉。

所有进化的努力中途都会有各种艰难险阻，甘西鼠尾草就遇到了不劳而获的盗蜜者来破坏它们的繁衍大计。一些口器比较短的昆虫难以触及甘西鼠尾草花朵底部的花蜜，但这些昆虫在跟植物斗智斗勇的过程中也找到了窍门，它们会用口器划开甘西鼠尾草花朵的底部，直接将蜜汁吸走。

中 文 名：川续断

拉 丁 名：*Dipsacus asper*

别　　名：续断（药材名）、和尚头、川断

分　　类：忍冬科，川续断属

生长环境：林内、路旁和草坡上

国内分布范围：江西、华中南部、广西至西南各省

植物
名片

左图、右图：川续断的花朵与昆虫

川续断：以有毒花粉实现成功防御

对于植物来说，比盗走花蜜更可怕的，是吃掉它们的花粉。

在亿万年的演变过程中，蜜蜂学会了自行辨别花粉的质量，对于质量好的花粉，它们会一边采花蜜，一边用腿在花瓣上蹭，将花粉一点点粘在腿上，待回到蜂巢，用花粉来哺育幼虫。如果花粉被蜜蜂过多地采集，植物的受精结实就会出现花粉不足的问题，从而影响繁育。

为了保护自己的花粉，川续断采取了化学防御策略，将花蜜和花粉分类加工，它的花粉中含有皂苷，这对于蜜蜂的幼虫来说不仅味道苦涩，还影响正常发育，不能食用。

花粉有毒，并不意味着川续断跟蜜蜂的合作破裂，虽然花粉不能采集了，但是川续断的花蜜实在可口，让蜜蜂欲罢不能。于是，我们经常能看到，在川续断花朵上吸食花蜜的蜜蜂，对浑身沾满的花粉置之不理，在它飞往下一朵花时，有毒的花粉被逐渐抖落，川续断的生命因此得以更好地延续。

中 文 名：报春花

拉 丁 名：*Primula malacoides*

别　　名：藏报春、阿勒泰报春花

分　　类：报春花科，报春花属

生长环境：海拔 1800 ～ 3000 米的潮湿旷地、沟边和林缘

国内分布范围：云南、贵州和广西西部

植物
名片

报春花："二型花柱"保证异花授粉

如它的名字一般直白，报春花是高原上开花比较早的植物，花色繁多，形状各异，一片一片地盛开着，报告着寒冬已逝，春天来临。

家族这么兴旺，报春花靠的不是什么复杂的计谋，而是严格的异花授粉，让它维护了种群的多样性。

那么，如何来保证异花授粉呢？每一个品种的报春花，都会长出两种不同的花朵，它们的外观并没什么两样，但是仔细观察就会发现，有一朵花是雌蕊比雄蕊长，而另外一朵则是雄蕊比雌蕊长。这种特征在植物学里有一个专有名词，叫"二型花柱"。

报春花的花蜜位于花朵底部，为了取食花蜜，蜜蜂必须要从狭窄的花朵入口处钻进去，在钻的过程中，它们的头部会沾上比较短的雄蕊上的花粉，而身上则会沾上比较长的雄蕊上的花粉。当它们再造访第二朵花的时候，它们头上的花粉就会给较短的雌蕊授粉，而身上的花粉则会给较长的雌蕊完成授粉。

也就是说，只有不同花朵的花粉和柱头相遇，授粉才能成功，这样，就精准地实现了异花授粉的过程。这种异花授粉策略，能有效地减少近亲繁殖，提高后代的生命力，让许多异形花品种在漫长的岁月中得以保留。

上图、下图：报春花

3.6

粉叶玉凤花：
一生等待只为你

中 文 名：粉叶玉凤花

拉 丁 名：*Habenaria glaucifolia*

别　　名：粉叶玉凤兰

分　　类：兰科，玉凤花属

生长环境：海拔 2000 ～ 4300 米的山坡林下、灌丛下或草地上

国内分布范围：陕西南部、甘肃南部、四川西部、贵州、云南西北部至东南部、西藏东南部

植物
名片

为传粉飞蛾，等待一生的美丽故事

为了孕育后代，植物们不仅拿出各种智慧，还要付出足够的耐心。

粉叶玉凤花的隐忍能力堪称花中之最。由于花管过长，只有一种夜间活动的飞蛾能够采集它的花蜜，帮它传粉，而这种飞蛾数量极少，粉叶玉凤花在它的生命中，可能只能等到一次飞蛾光顾的机会，甚至穷其一生都等不来能帮助它孕育下一代的亲密接触。

但它从不放弃，每年都会如期开放，在阳光和风雨中展示自己最美的姿态，绽放、等待、凋零，再绽放、再等待、再凋零，只为那个身披金甲圣衣、脚踏七彩祥云的盖世英雄出现——虽然，它可能永远都等不来。

"昆虫缘"各异，玉凤花家族各有所好

等待一生只为一种飞蛾，这是粉叶玉凤花的执着。它的另一位亲戚——橙黄玉凤花，却只爱玉斑凤蝶。玉斑凤蝶是橙黄玉凤花最有效的传粉昆虫。

飞蛾和蝴蝶，都属于鳞翅目的昆虫，为什么玉凤花家族的成员各有所好呢？

这是因为多数玉凤花的颜色为白色或者淡绿色，颜色清新淡雅，人类观赏起来着实赏心悦目，但是这些颜色不容易吸引昆虫。它们的"法宝"是释放浓烈的气味，通过嗅觉信号的刺激，吸引黄昏、夜间活动的天蛾或其他蛾子完成传粉。玉凤花属的传粉昆虫大多是夜间活动的蛾子。

左页图、右页图：粉叶玉凤花

橙黄玉凤花与众不同的是，它的气味并不浓郁，但它有明亮的颜色吸引昆虫传粉。而蝴蝶在白天觅食，主要依赖于视觉的吸引。橙黄玉凤花有橙色、黄色到红色的花色变化，这些正是玉斑凤蝶喜欢的颜色。不仅如此，玉斑凤蝶的喙管长度与橙黄玉凤花的花距完美配合，因此形成了玉凤花属很少见的蝴蝶传粉的机制。

玉凤花家族仍在持续壮大

近些年来，在科学家的不断探索和努力下，中国兰科玉凤花属的种类持续更新，越来越多的新物种、新变种被科学家们发现。例如：

2017 年发现兰科新变种——麻栗坡玉凤花；

2016 年发现兰科新记录种——缘毛玉凤花；

2015 年发现兰科新记录种——岩生玉凤花；

2012 年发现兰科新记录种——勐远玉凤花；

……

玉凤花家族越来越壮大，群凤飞舞，为生命欢歌。

3.7

紫花象牙参：
长喙虻的"餐厅"

中 文 名：紫花象牙参

拉 丁 名：*Roscoea purpurea*

分　　类：姜科，象牙参属

生长环境：海拔 1500 ~ 3200 米的松林下或荒草丛中

分布范围：喜马拉雅山脉南坡

人气王蜜蜂吃"闭门羹"

对于传粉者非常挑剔的，不只是玉凤花家族。

在喜马拉雅山脉的中部，因为处于南坡，这里水汽丰沛、温暖多雨，植物丰茂。在海拔 3000 米的悬崖上，开满了紫色的花朵，特别引人注目。这是一种姜科植物——紫花象牙参。

象牙参属是姜科植物唯一能耐寒的属，生活在海拔比较高的地区。之所以得名象牙参，是因为它粗厚膨大的肉质根状似人参，又很像微型象牙，而它的花形也颇有大象憨态可掬之态，象牙参之名因此而来。

紫花象牙参的花冠造型很有特色，不像寻常花朵那样辐射对称，而是上下花瓣各不相同，花冠的基部呈细长的管状，香甜的花蜜被藏在花管深处。

昆虫，被艳丽的花色和香甜的花蜜吸引过来了。与寒冷干燥的地区相比，这里昆虫的数量和种类之多，不可同日而语。面对这么多潜在的授粉者，紫花象牙参变得挑剔起来。

蜜蜂来了，它曾是最受花朵欢迎的授粉者，备受讨好，却在这里吃了闭门羹。因为紫花象牙参花朵的管道很长，入口却很窄，花蜜藏在花管深处，蜜蜂够不着。美食已近在眼前，却吃不到，蜜蜂只能干着急，多番努力之后，悻悻离去。

左页左图、右图：紫花象牙参

—

右页图：长喙虻

受到偏爱的长喙虻

那么，紫花象牙参等待的究竟是何方神圣呢？

草丛里，一个"怪物"的身影出现了，它长着一副比例失衡的长嘴，却速度奇快，还能在空中悬停，这是长喙虻，一种长喙的传粉昆虫。它的口器很长，长度可以达到身体的两倍，飞起来像一个带着长矛的骑士，真让人好奇它是如何在飞行中掌握平衡的。但是，这长喙却是打开紫花象牙参花蜜宝藏的钥匙。当然，这嘴实在太长了，面对狭窄的入口，瞄准起来，有时需要费些工夫。

只有雄性长喙虻拥有长喙，这一特殊的构造使它完全依靠紫花象牙参存活，同时它也成为紫花象牙参最忠诚、最高效的授粉者。这一对"长嘴虫"和"长管花"独特的形态特征，正是动物和植物在大自然中协同进化的结果。

世界上，长喙蝇类和长花管植物演化的中心在非洲南部。科学家通过研究产自西藏南部的孢粉化石，发现有些植物并非起源于欧亚大陆，而是来自遥远的南半球。亿万年前，冈瓦纳古陆分裂，印度板块与非洲、南美

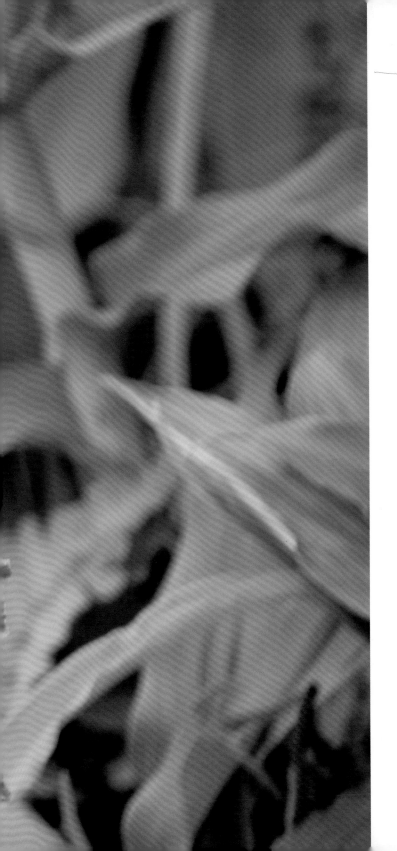

等板块分开，当它向北漂移时，也带来了有南半球特征的生物。

或许，人们在喜马拉雅山脉发现的这一对，也是亿万年前南半球生物的后代。

长喙蝇类和长花管植物是"最佳搭档"

大彗星兰和天蛾正是这一组合的代表。

1862 年，生物学家达尔文收到一份特殊的兰花标本，从花的开口到底部有一条细管长达 30 厘米，只有底部才有花蜜。究竟什么样的昆虫才能够吸到它的花蜜呢？根据对兰花与传粉昆虫的研究，达尔文断言：在兰花原产地应该生存着一种长喙的蛾为它传粉。

1903 年，一种长着 30 厘米长喙的大型天蛾被发现，正是这种兰花的传粉者。天蛾因此得名"预测天蛾"，而大彗星兰也被称为"达尔文兰"。这时候距离达尔文做出预测已经过去了 41 年。大彗星兰和天蛾就这样互利共生，相互成就，成为自然界的传奇。

科学家们惊喜发现，热带和亚高山地区的"花-昆虫"这一共同进化的模式，同样也出现在喜马拉雅地区，比如杜鹃花科、天竺葵属、番红花属（主要是藏红花）、兰科和姜科，这些植物也被认为是由长喙昆虫传粉的。

左图：紫花象牙参与长喙虻

3.8
贯叶马兜铃：
达摩麝凤蝶的"命根"

中文名：贯叶马兜铃

拉丁名：*Aristolochia delavayi*

别　名：山草果、山蔓草、山胡椒

分　类：马兜铃科，马兜铃属

生长环境：海拔 1600～1900 米的石灰岩山地、丘陵或河谷灌丛，土
　　　　　层瘠薄、多砾石的红壤地带

国内分布范围：云南西北部

植物
名片

昆虫
名片

中 文 名：达摩麝凤蝶

拉 丁 名：*Byasa daemonius*

分　　类：凤蝶科，麝凤蝶属

生活习性：寄主贯叶马兜铃

国内分布范围：云南、四川、西藏

辛香气味，是福是祸？

能跟紫花象牙参和长喙虻那样，互惠互利，协同进化，真的是再好不过的事了。有一种植物，贯叶马兜铃，做梦都希望拥有这样美好的关系。

虎跳峡，是万里长江的第一个大峡谷，靠近喜马拉雅东南边缘。在峡谷下游，山势逐渐变缓，这里的河谷地区气候干热，植被丰富，贯叶马兜铃就生活在这里。由于全株都具有浓郁的草果及芫荽样辛香气味，它又被称为山草果。

每年夏季，到处都有鲜嫩的植物叶子，是动物们可以大饱口福的时候，但植物也在以无声的方式默默反抗。贯叶马兜铃，它会持续散发出一种浓烈辛辣的刺激性气味，使得多数食草动物失去食欲，离它远远的。

但讨厌这种气味的，并不包括人类。尽管科学研究发现贯叶马兜铃有毒，但在滇藏地区，长期以来，当地的人们却钟爱这种味道。贯叶马兜铃的叶子成为烹调的香料，被广泛加在食物里以增加风味，并且用来去除牛、羊、鱼的膻味和腥味，在民间已有很长的食用历史。

目前，由于分布范围有限，贯叶马兜铃在野外的居群长期遭到采挖，濒临灭绝。这对一种昆虫来说，将是致命的打击。

达摩麝凤蝶唯一的依靠

下图：贯叶马兜铃

还有一个群体钟爱贯叶马兜铃——达摩麝凤蝶，它的整个生命过程都离不开贯叶马兜铃。达摩麝凤蝶不仅能忍受奇怪的味道，还能富集贯叶马兜铃的毒素马兜铃酸，将其用于自己的防御。

甚至，贯叶马兜铃刺激性的气味会直接指引达摩麝凤蝶来产卵，帮助它为自己的下一代找到专属的食物。

达摩麝凤蝶的卵上，

185

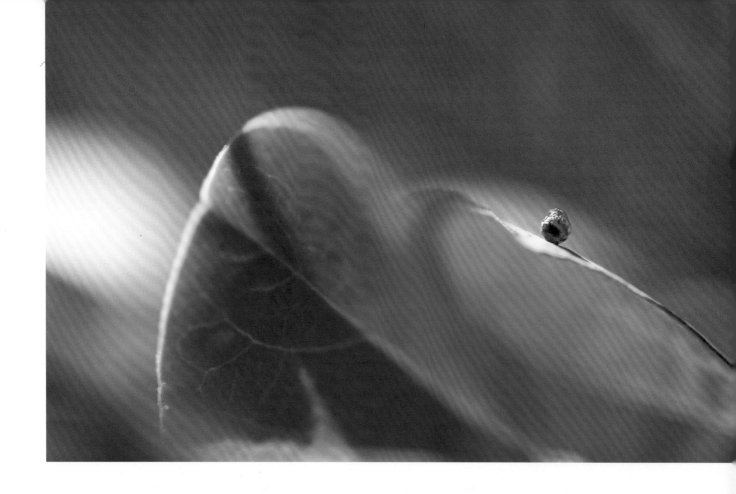

都会包裹着一层橘红色的外壳，这就是纯净的马兜铃酸，聚集起来的马兜铃酸形成了一道屏障，保护着达摩麝凤蝶的卵，让蚂蚁、鸟类等天敌望而却步。

达摩麝凤蝶的宝宝——毛毛虫出生了，刚出生的毛毛虫柔软脆弱，没有任何防卫能力。可是当它吃下第一口贯叶马兜铃的叶片起，它的安全就获得了保障。毛毛虫一直食取贯叶马兜铃叶片，体内吸收了大量叶片中的马兜铃酸，使幼虫看起来通体发红，这对捕食者来说是一种直接警告。当毛毛虫受到攻击的时候，它还会主动出击，像贯叶马兜铃那样散发出强烈的刺激性气味，驱散对手。

在这里，贯叶马兜铃是达摩麝凤蝶的特异性寄主，也就是唯一的寄主，默默地为达摩麝凤蝶提供了生存栖息之地。

唇亡齿寒，救救我们！

直到现在，当地村民仍然延续着采食野生贯叶马兜铃的习惯，贯叶马兜铃的生存越来越艰难。该种已经被

左页图：达摩麝凤蝶的卵产在贯叶马兜铃叶子上

—

右页上图：达摩麝凤蝶的幼虫在吃贯叶马兜铃的叶子

—

右页下图：达摩麝凤蝶的幼虫

世界自然保护联盟列为濒危物种。

贯叶马兜铃濒危了，完全依赖它的达摩麝凤蝶的生存空间持续缩小，种群数量因此下滑，被《中国物种红色名录》评为易危物种。

保护贯叶马兜铃，保护达摩麝凤蝶，已经迫在眉睫。十多年来，科学家们一直在探索，如何保护濒危的贯叶马兜铃和易危的达摩麝凤蝶。

人类、植物、动物，相互影响又相互依存。也许，保护它们，就是保护人类自己的未来。

3.9
雪层杜鹃：
旱獭的"零食店"

中 文 名：雪层杜鹃

拉 丁 名：*Rhododendron nivale*

分　 类：杜鹃花科，杜鹃花属

生长环境：海拔 3200 ~ 5800 米的高山灌丛、冰川谷地、草甸

国内分布范围：西藏东南部、南部、东部及东北部

杜鹃花，旱獭的小零食

　　雪层杜鹃，是常见的高海拔地区的杜鹃种类。海拔越高，它们长得越发矮小紧凑。海拔 4500 米以上的雪层杜鹃，已经逐渐缩小呈伞形的小灌木，连叶和花也变小了。但是离地面越近，危险也越多，越容易遭受动物的啃食和践踏。

　　一只喜马拉雅旱獭探头探脑地出来了，它十分警醒，时不时抬起不大的脑袋观察四周，确认安全了，才慢悠悠地继续向前踱步。

　　它正在寻找食物，在食物充沛的季节，选择太多，可是吃什么好呢？要不尝一下雪层杜鹃的花如何？也许味道不算上佳，可毕竟，这是送到嘴边的食物，不费力啊。

　　就这样，雪层杜鹃的花成了旱獭的腹中物。

动物的部分取食，不影响雪层杜鹃安危

　　也许你会担心，旱獭被称为草原上的一大祸害，被它盯上了，那雪层杜鹃岂不是危险了？

其实，旱獭是杂食动物，喜欢吃带有露珠的嫩草茎叶、嫩枝，偶尔会捕捉一些昆虫与小型啮齿动物作为食物，有时也会到农作区附近偷食青稞、燕麦、油菜、洋芋等作物的禾苗、茎叶。初春时候，青草尚未发芽，喜马拉雅旱獭也会挖出草根来填饱肚子。

大家可以放心了，杜鹃花只是旱獭的零食。如果只是被动物少量取食，并不影响雪层杜鹃种群的安危。

左页图：旱獭与雪层杜鹃

—

右页图：雪层杜鹃

再说了，雪层杜鹃可不需要什么"护花使者"的呵护，成功的适应性演化，庞大的种群数量，已使它们成为这里的强势物种，其身影可以一直到达海拔 5000 米的高处。

菌根，助杜鹃在恶劣环境中生存

杜鹃花属植物根系与一些真菌在自然生境下形成杜鹃花类菌根，菌根能将含有不同重金属的矿物质溶解。有研究表明，带菌根的杜鹃能够在 Mn（锰）含量很高的酸性土壤中生长，也能在 Cd（镉）污染的土壤中长势良好，并形成优势植物群落。主要原因是杜鹃的内生真菌能够促进杜鹃的生长发育，提高杜鹃的抗性（植物的抗性是指植物具有的抵抗不利环境的某些性状，如抗寒、抗旱、抗盐、抗病虫害等），增强它的耐胁迫能力（植物胁迫是指对植物生长不利的环境条件，如营养缺乏、水分不足、洪涝、高温或低温、病虫害等）。

杜鹃花属植物常优于其他物种能够在土壤污染的恶劣环境中存活，成为在土壤污染严重地区的主要植被。

第四章
植物与人 · 自然馈赠

喜马拉雅山脉，藏语意为"雪的故乡"，它拥有地球上最完整的垂直带地貌。从热带到高山冻土，穿越差异巨大的垂直气候，蕴藏着丰富的种子资源。

独特的种子，携带着亿万年的生命密码，藏身千米高原。它们生根、发芽、开花、结种，并跨越形态，潜移默化地融入人类的衣、食、住、行，甚至医药和宗教。

高原的社会生活、风俗民情，处处暗含着喜马拉雅种子的身影。

请扫码观看本章精彩视频

4.1
青稞：一粒种子 养育一个民族

中文名：青稞
拉丁名：*Hordeum vulgare* var. *coeleste*
别　　名：裸大麦
分　　类：禾本科，大麦属
生长环境：气候清凉的高原
国内分布范围：西北、西南各省

植物
名片

海拔最高的农田

珠穆朗玛峰脚下，海拔 5000 米以上的高原荒岩，无论是对人类还是植物，都已逼近生存的极限。长年强风，全年干旱无雨，平均温度不超过 10 摄氏度，要想在这漫山遍野的白石滩上进行大面积的农作物种植，似乎不可能。

然而，在土壤中，有一粒青稞种子正在奋力发芽。

海拔每升高 1000 米，气温就会下降 6 摄氏度左右。内陆已是 6 月的初夏时节，但这里的春天姗姗来迟，昼夜温差依然较大，青稞种子要承受着零下 10 摄氏度的漫漫寒夜。

太阳升起来了，被冻死的危机暂时解除了。

此时，在珠穆朗玛峰东北方，400 千米之外的日喀则白朗县，已是另一番景象。

在雅鲁藏布江与年楚河之间，经过河流千万年的冲刷，形成了喜马拉雅山区难得的一片高山河谷平原。

7 月，是日喀则的雨季，这

左页上图：正在发芽的青稞种子

—

左页下图：白朗县的青稞田

—

右页图：曲宗村的青稞田

是青稞快速生长的绝佳时节。白天阳光灿烂，夜晚雷雨交加。经过两个多月的生长，青稞进入拔节、抽穗的重要阶段。一夜风雨，滋润着这片青稞田。作为适合在高原上生长的农作物，高海拔、强辐射、低气温，促使青稞籽粒中积累了更多的营养物质。

定日县曲宗村，是距离珠穆朗玛峰北坡最近的村落之一。这里的村民为了生存，在村外 1000 米的山沟中，营造出一片珍贵的田地。珠穆朗玛峰脚下寒冷干燥，青稞生长得更加缓慢。村民改造了河道，引流冰山的融水，不断地拔草、灌溉，细心打理着这片农田，给青稞营造了适宜的生长环境。

祖辈们在山坳中开垦的这十几亩良田，是世界上最高的农田之一，也是村民最大的财富。

糌粑，高原上的特色主食

青稞，又被称为裸大麦，经过数千年来的淘选，已经成为高原地区标志性的农作物。它适应性强，苗期能经受零下 10 摄氏度左右的低温，花期在 9 摄氏度时不会受害，乳熟期仍能抵御零下 1 摄氏度的低温，在最暖月平均温度接近 10 摄氏度、日平均温度高于 5 摄氏度的延续天数仅 120 天的高寒地区，仍能正常生长发育。

青稞作为一种高纤维、高蛋白、高维生素、低脂肪、低糖的健康谷物，深受当地人的喜爱。青稞炒熟之后，打磨而成的面粉，就是糌粑，藏语"炒面"的译音。糌粑配上酥油茶食用，不仅便于储藏和携带，而且富含营养，配着风干的牛羊肉，成为藏族人民充饥御寒、抵御高原严酷环境的高效主食。而由它酿成的青稞酒，更是成就藏族人民豪迈奔放性格的重要源泉。

8 月末 9 月初，是青稞的丰收季节。这里是世界的屋脊。海拔 4500 米以下，适合种植的面积不到西藏地表面积的 1/3。人类在最不适宜种植的地方，寻找着生存的机会，创造着生命的奇迹。

功能成分多，开发前景广阔

青稞是含 β–葡聚糖较高的谷类作物，β–葡聚糖具有清肠、降血糖与血脂、降低胆固醇、预防结肠癌和提高免疫力等重要生理作用。

以青稞麦苗为原料提取的复合成分物质——青稞麦绿素，含有丰富的蛋白质、氨基酸、叶绿素和类黄酮等营养活性物质，有抗疲劳、延缓衰老、防治心血管疾病和肿瘤等作用。

从青稞中提取的天然植物类黄酮具有消炎消肿、降压、降血脂、清除自由基等多种功能。

青稞慢性消化淀粉在控制和预防高血糖相关疾病方面具有优越性。

大量研究表明，青稞在抗癌、抗肥胖、降血糖、降血脂等方面，开发利用前景广阔。

左页图：青稞穗

—

右页图：青稞种子

4.2

茶：一日不可无

中文名：茶

拉丁名：*Camellia sinensis*

别　名：茶树、茗、大树茶

分　类：山茶科，山茶属

生长环境：海拔 1000 ～ 2000 米的山地疏林

国内分布范围：野生种遍见于长江以南各省的山区，现广泛栽培

为什么"不可一日无茶"？

在青藏高原居住的各族人民，以藏族为主，还包括门巴族、裕固族、土族、蒙古族、珞巴族以及夏尔巴人等，他们的生活中，有一种饮品不可缺少，那就是茶。藏族有句民谚："宁可三日无粮，不可一日无茶"，道出了藏族人民与茶的不解之缘，茶已经成为他们生活结构中一个重要的组成部分。

为什么茶是青藏高原人民生活中的必需品呢？这是由他们的饮食结构决定的。

在高寒地带，粮食作物很难生长，但是适合发展养殖业，而牛羊肉刚好能够为高原人民提供生活所需的高蛋白、高热量来帮助人们抵御严寒。但是，大量食用肉食后，消化吸收就成了问题。在长期的实践中，人们发现，饮茶食茶有促进消化吸收的作用。

同时，雪域高原很难种植水稻、玉米等粮食作物，只能以特别耐寒的青稞作为主要粮食。但是，青稞热量较高，而茶叶则有非常好的清热作用，青稞和茶叶同时食用，就可以减少青稞的高热量对身体带来的不利影响。

所以就有了这一说法："其腥肉之食，非茶不消；青稞之热，非茶不解。"智慧的先民发现，茶可以缓解乳肉的油腻，降低青稞的干火，于是和青稞一样，茶也成为高原人民生活的必需品。

因茶而兴的茶马古道

喝酥油茶，解油腻促消化，逐渐成为青藏高原人的生活习惯，但西藏自古并不产茶，历史上藏族人民的茶叶都需要从四川、云南等地经长途跋涉贩运而来，商贩们返回时再把西藏的骡马、皮毛、药材等贩运到内地，具有互补性的茶和马的交易"茶马互市"便应运而生，在横断山区的高山深谷间南来北往，日趋繁荣，形成一

左页图：采茶

—

右页图：墨脱的茶园

202

条延续至今的"茶马古道"。

茶叶进入西藏的历史悠久，考古界在阿里地区发现了1800年前的茶叶实物，西藏也流传着文成公主带茶入藏以及小鸟衔茶为藏王治病的故事。因为茶，藏地与川滇地区甚至中原地区建立起特殊的交通与文化的连接。

茶马古道是以马帮为主要交通工具的民间商贸通道，起源于唐宋时期的"茶马互市"，于明清时期越来越兴盛，以川藏线、滇藏线、青藏线为主线，辅以众多的支线，构成一个庞大的交通网络。茶马古道不仅连起了陕西、甘肃、贵州、四川、云南、青海、西藏，更向外延伸进入不丹、尼泊尔、印度境内，直到西亚、西非红海海岸，成为古代中国与南亚地区重要的贸易通道。

过去千百年间，进藏只能靠骑马和步行穿越崇山峻岭，危险重重。如今，靠人背马驮的茶马古道已经完成了它的历史使命，全国各地的茶叶通过公路、铁路、航路源源不断地运到雪域高原，高原人再也不用为茶叶发愁了。

2013年3月5日，茶马古道被国务院列为第七批全国重点文物保护单位。

金奖品质的高原茶

易贡茶场，世界上海拔最高的茶场，最高处海拔2300多米，拥有西藏历史上第一块规模种植的茶田。这里的茶树是20世纪60年代从四川引种的，由于海拔高，叶片较小，有少量的斑点，产量也不高，但高原茶因远离尘器，清丽纯净，矿物质含量远高于低海拔地区。2017年，"易贡砖茶"成为林芝市首批市级非物质文化遗产。

同样适合种茶的地方，还有墨脱，青藏高原海拔最低的地方，尽享低海拔的便利，优厚的地理条件也像是自然赐予墨脱的福气，这里雨量充沛，土壤的酸碱值及所含矿物质成分非常适合于种茶。生活在这里的门巴族人以茶为业，和其他地方的茶农一样，种茶、晒茶、炒茶、饮茶，是他们的生活日常。

从高原到雨林，人们精心地侍弄茶田，让神奇的叶片化作甘露，滋润着高原人们的心田。

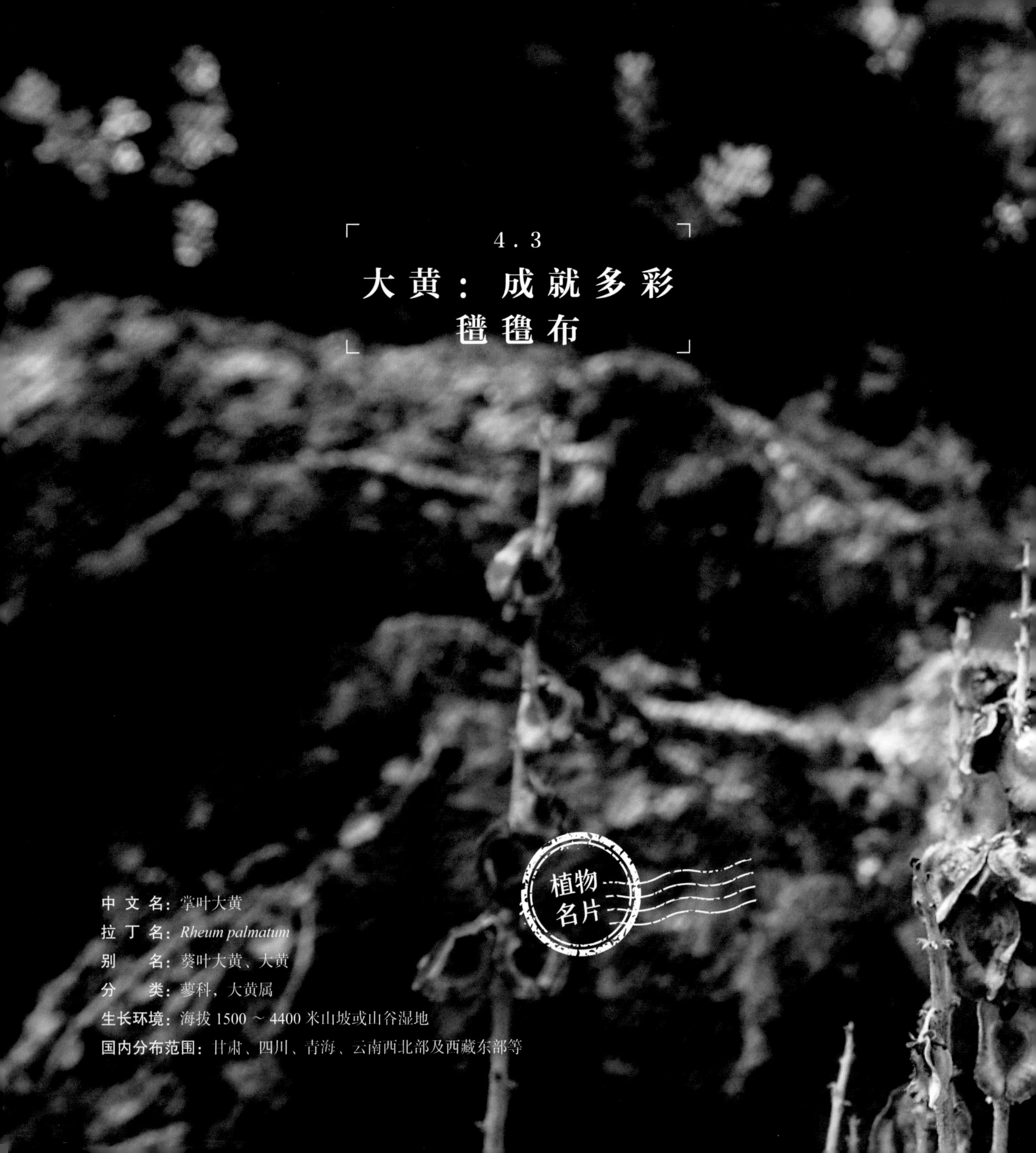

4.3
大黄：成就多彩
氆氇布

中文名：掌叶大黄

拉丁名：*Rheum palmatum*

别　名：葵叶大黄、大黄

分　类：蓼科，大黄属

生长环境：海拔 1500 ～ 4400 米山坡或山谷湿地

国内分布范围：甘肃、四川、青海、云南西北部及西藏东部等

自带"防晒霜"的植物

在雅鲁藏布江中游，西藏中南部，山南地区的大山深处，一颗干燥成熟的种子，从干枯断裂的茎秆上掉落。这颗种子来自崖壁上的一种植物——大黄，藏语称为"丘罗"。

它的上百个同胞在严冬来临之前逐一掉落，这些种子想要活下去，就必须寻找到温度和湿度适宜的地方，站稳脚跟。

这里距离雅鲁藏布江10千米，海拔已经升至4700米。流经的冰山融水，让这个山涧形成了独特的小气候，阴冷而湿润。

冬去春来，气温回升。

左页图：大黄种子开始发芽

—

右页图：大黄的幼苗

经过一冬的蛰伏，大黄的种子开始发芽，储藏在籽粒中的养分为萌发提供了足够的能量。首先"脱颖而出"的，是它们的幼根。

幼根需要快速地向土层中伸展，为裹挟在种壳中的芽苗汲取生长所必需的水分和养料。芽苗奋力摆脱种壳，每一棵幼苗都在极力向上生长，它们似乎能够感受到阳光的方向。这是它们生长中最脆弱的阶段，仅靠一枝根茎，温度和湿度稍有变化便会死亡，近八成的大黄在幼苗阶段夭折。

在雅鲁藏布江中下游的山南地区，年平均日照数在3000小时左右。为了抵御强烈的高原紫外线，这里的大黄自给自足，"生产"出了丰富的"体内防晒霜"——天然蒽醌，能够通过吸收紫外线来减少对自己的伤害，从而起到防晒的作用。

氆氇布的染料

天然蒽醌，不仅能防晒，还是一种浓郁的天然色素成分。

人类在长期的实践中发现，大黄根茎可以提取纯天然黄色素。经过浸泡，这种黄色与核桃皮浓郁的黑红色配比结合，稀释后可以得到藏族服饰上最有代表性的红色。

氆氇布，是一种羊毛制品，由藏族人民用纯羊毛手工纺织而成。西藏自古不产棉麻，氆氇布便成为藏族典型的传统服饰布料。由于氆氇布自然的质地、古朴的气质，再加上优良的保暖性能，自古以来深受藏民的喜爱。从寺院僧尼的袈裟到藏袍、围裙、羊毛毯、藏靴等都离不开它。

喜马拉雅地区，西高东低。早年，西部游牧民带着氆氇布来到山南，希望可以换取东部农民的手工用具和农作物。长此以往，在西藏中部的山南地区，便形成了印染氆氇布的手工艺传统。

传统氆氇布的染料都取自大自然，分为以靛蓝为代表的矿物颜料和以茜草、大黄、核桃皮、草红花等为代表的植物颜料。从大自然中所萃取的青、黄、褐、白、红及黑色6种色彩成为最为传统的氆氇"六色"。

人类不知经过多少探索，才在大山深处，寻觅到可以用来染布的大黄根茎。为了长久地拥有这一抹天然的黄色，当地村民必须顺应自然，采挖大黄时，他们会将正在结种的大黄保留在山中。

大黄，悄无声息地蕴藏在喜马拉雅的大山深处。大黄的颜色，融入氆氇布，成为高原人民传统审美的缩影，向世人传递着喜马拉雅的时尚。

中药里的"将军"

大黄是一种中药材，在中药里又被称为"将军"，一说是因为大黄药性猛烈、功效强大，所以叫将军。也有一说是跟大黄的颜色和形状有关，它呈现出红色或棕色，形状有点像古代将军的披风，所以被叫作将军。无论哪种说法，大黄作为一味重要的中药材，在中医药学中一直占有重要的地位。

但中药所说的大黄，并非单一的物种，指的是蓼科植物鸡爪大黄、掌叶大黄或药用大黄的干燥根和根茎。

左页图：大黄的种子

右页图：大黄的根

秋末茎叶枯萎或次春发芽前采挖，除去细根，刮去外皮，切瓣或段，用绳穿成串干燥或直接干燥，具有泻下攻积、清热泻火、凉血解毒、逐瘀通经及利湿退黄等功效。

　　大黄，作为一种古老的植物，历经了千年风霜，依然活跃在人们的生活中，带来了绚烂的色彩，带来了健康的佳音。

4.4
长花滇紫草：
清凉解毒保安康

中 文 名: 长花滇紫草
拉 丁 名: *Onosma hookeri* var. *longiflorum*
分 类: 紫草科，滇紫草属
生长环境: 海拔 3020 ～ 4700 米的山坡砾石地、山坡沙地草丛及阳
坡灌丛草地
国内分布范围: 西藏，自仲巴、吉隆、江孜、拉萨、申扎至波密均
有分布

植物
名片

左页图：长花滇紫草根的粉末

—

右页图：长花滇紫草的叶子

抗风护花，顽强生长

矮化与贴地生长，是高山植物的惯常策略。

拉萨市，平均海拔 3650 米，坐落于群山环抱的河谷中。布达拉宫以北 8000 米外的后山上，海拔已经升至 4200 米，这里满是坚硬的岩石，常年的狂风掠走了山上的一切。但是在石缝之间，却蛰伏着顽强的生命。

长花滇紫草，生长在海拔 3000 米以上的高原地区。为了抵御高海拔的山风，它矮小的叶片贴地平展生长，还拥有比其他滇紫草属更长的花冠，花冠长度从通常的 20 毫米变成了 30 毫米，这看似区区 10 毫米的差异，却可以更好地保护花蕊，将它们适应生长的区域海拔提升了 1000 米。

种子散落，花冠已经枯萎。然而它们的根系却深藏土中，向下生长，长度甚至超过 1 米。

干旱、冰雪、风沙、冰雹、强烈的紫外线照射，经历严酷的高山环境的洗礼，长花滇紫草，成为大自然所造化的高原独特药材。

严冬之后，新的茎叶将会再次萌发，等待下一个花期。

藏药藏紫草的功效

青藏高原是藏药的主要产地。

藏药是在广泛吸收、融合了中医药学、印度医药学和大食医药学等理论的基础上，通过长期实践所形成的独特的医药体系，迄今已有上千年的历史，是我国较为完整、较有影响的民族药之一，目前我国有藏药 3000

种左右。2006 年 5 月 20 日，藏医药经国务院批准列入第一批国家级非物质文化遗产名录。

藏紫草是常用藏药材之一，藏医习称"哲莫"，是藏药"七味血病丸"和"二十五味鬼臼丸"的主要组成成分。据现代文献记载，藏紫草为紫草科植物长花滇紫草及细花滇紫草的根，人们在秋季挖取根部，除去木质心，阴干作药。藏紫草气微，味微酸，主要含有黄酮、萘醌等成分，在藏区广泛被用于治疗烧伤、褥疹、高山多血症及肺病。

紫草的美容价值

紫草具有显著的祛痘和消炎效果，有很大的美容价值，是许多化妆品的功能性成分之一。

紫草的美容机理：紫草主要功能为凉血，活血化瘀，解毒透疹，因此能加速痘印和疤痕的新陈代谢。另外，它还有良好的杀菌消炎作用。

除长花滇紫草之外，还有软紫草、天山软紫草、黄花软紫草等种类的紫草，都是消炎、杀菌、促进皮肤再生的优质药草。

4.5
藏木香：青烟一缕
从容心

植物名片

中 文 名：总状土木香

拉 丁 名：*Inula racemosa*

别　　名：藏木香、玛奴（藏语）

分　　类：菊科，旋覆花属

生长环境：海拔 700 ～ 1500 米的水边荒地、河滩、湿润草地

国内分布范围：新疆天山阿尔泰山一带、四川、湖北、陕西、甘肃、西藏等地

"滑翔伞"撑起延续生命的梦想

跟长花滇紫草的自我保护策略不同，这种植物活得肆意又张扬。

西藏中南部、雅鲁藏布江中游北岸，在尼木县的一个农家院落中，一株株菊花一般的植物正在生长，它们是多年生高大草本——藏木香。

为了尽可能避开自花授粉，藏木香花序中的雄蕊率先生长、伸出花柱，让自己的花粉先被来访的昆虫带走。当顺利传粉后，花瓣掉落，花萼会在一两周转变成蓬松的球状，当茎秆由青色变为褐色，冠毛接近散开时，种子就成熟了。一个花盘能够孕育出上百个花种。

在烈日的暴晒下，花蕊中的种子变得干燥、蓬松，现在"只欠东风"了。

它们的种子拥有特殊的构造，凭借这套专属的"滑翔伞"和高原的强风，可以如蒲公英般随风飘散，运送自己的后代到达数千米远的地方。

为了更好地将种子散布在空中，足够的高度成为必不可少的条件，成熟的藏木香植株可以高达1.5米。种子离地的距离越高，在空中飞翔的时间越长，传播的距离就越远。

藏木香的种子，随着高原的强风散落四处，落地留香。

左页上图、左页中图：藏木香的花朵

—

左页下图：藏木香的种子

—

右页图：藏木香的根

香飘千里，传承千年

藏木香是藏香的一种配料。尼木县吞达村，水磨藏香在这里已经沿袭了千年。

据记载，藏木香源于南方尼泊尔境内，根有贝壳纹。因其气味芳香浓郁，雅鲁藏布江中游北岸村落里的村民也纷纷引种。无论是自然的力量还是人为的选择，藏木香跨越千里，在西藏尼木县的山水之间，生长出绝佳的品质。

藏木香需要生长3年以上，它的根系才算完全成熟。这是人类与自然之间的一个约定。在这3年里，藏木香默默地向下扎根，向上生长。

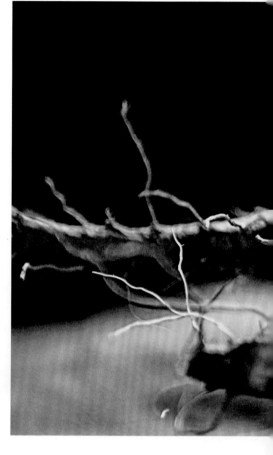

　　3 年后，藏木香成熟后的根茎被切段、晾晒，便于长期储存。人们在做香时根据用量将其砸碎、磨粉，添加在香泥中。手工藏香密度适中，更有利于充分燃烧。

　　藏香是藏族人民日常生活的必需品之一，它源自藏经药典。藏香如同藏药，不同的配方，也有着不同的功效。藏木香内所含的土木香内酯和土木香醇，具有驱虫、抗菌和安神作用，成为藏香的独特配料。

　　2008 年，藏香制作技艺被批准列入第二批国家级非物质文化遗产名录。

左页上图：手工制作藏香

—

左页下图：藏木香的植株

—

右页图：藏木香的根

藏木香的药用价值

　　藏木香不仅可以用于制作香料，也是一种重要的药用植物。药物中的藏木香大多指的是菊科旋覆花属植物总状土木香和土木香的干燥根。

　　藏木香味甘、苦、辛，传统藏医理论认为其化后甘酸有助于消化，能够清风热、隆血热、培根热，治疗疫疠、胃脘疾病与培根赤巴病症等。中医认为藏木香具有健脾和胃、调气解郁、止痛、安胎等功效，可用于治疗慢性胃炎、胃肠机能紊乱、肋间神经痛、胸壁挫伤和盆气作痛等症。

　　现代研究发现，藏木香及其提取物在抑菌、抗炎、抗肿瘤、心血管保护、肝脏保护、镇痛、杀虫等方面具有较好的药理作用。

4.6

大花黄牡丹：
唐卡中的如意之花

中 文 名：大花黄牡丹

拉 丁 名：*Paeonia ludlowii*

分　类：芍药科，芍药属

生长环境：海拔 2900 ～ 3200 米的中国雅鲁藏布江河谷及山坡林缘

国内分布范围：西藏特有植物，主要分布在林芝市巴宜区和米林市

牡丹花中的"巨人"

藏木香，因其独特的气味走进人们的生活，甚而深入了人的精神和心灵。而大花黄牡丹，只静静地立在那里，就已经是最好的风景。

国人偏爱牡丹，赞它是"花中之王""国色天香"。诗人白居易的"花开花落二十日，一城之人皆若狂"，刘禹锡的"唯有牡丹真国色，花开时节动京城"，都是古人牡丹品赏习俗的生动写照。

牡丹虽花色繁多，五彩缤纷，然而，黄色基因却极其稀缺。大花黄牡丹，便尤其珍贵。

喜马拉雅山脉东南端的林芝地区，被誉为"西藏的江南"。在大山脚下，森林的末缘，海拔 3000 米左右的地方，鸟语花香，溪水潺潺，这里便是青藏高原独一无二的植物——大花黄牡丹的栖息地。

大花黄牡丹是落叶灌木，常一丛一丛簇拥而生，植株可以高达 3 米以上，是芍药属中最高的品种，可谓牡丹中的"巨人"。纯黄色的花朵在枝顶或叶柄跟枝的交接处盛开，直径可达 12 厘米。即使从远处看来，大花黄牡丹的挺拔身影和艳丽风姿也非常醒目。

每个大花黄牡丹的果荚中，包裹着 3~8 颗种粒不等，每颗种子硕大如一颗板栗。每株成熟的大黄花牡丹，平均能够顺利结种逾百颗。

5 月，是大花黄牡丹为了繁衍而努力绽放

左页上图、下图: 正在开花的大花黄牡丹

右页图: 已经结种的大花黄牡丹

的时节。地表快速升温，局部对流产生的强风，是高原的必然产物。

狂风摇曳枝干，对于刚刚绽放的大黄花牡丹而言，无疑是最致命的伤害。为了保护花蕊，白天半开的花冠，夜晚会慢慢地收拢。在绽放初期，黄色的大花会连续数天开放和收拢，直到花蕊发育成熟，才完全打开，等待授粉。

枝干上，还依稀挂着去年的果荚，这些种子，错过了最佳的掉落时节。

这是一颗迟到了几乎半年的种子。由于挂在果荚中，长久失水，它失去了繁衍的能力，在繁花盛开的春夏之际，刚刚落入土壤，但已经死去。

左页图：大花黄牡丹的果荚

—

右页图：失去了繁衍能力的种子

唐卡中的大花黄牡丹

这种喜马拉雅植物，伴随着雪山、河流和信仰，代表着生命的坚韧，在唐卡中从未缺席。

西藏昌都比如村，地处大花黄牡丹生长地 800 千米之外。生活在这里的唐卡画师平措扎西，已经 80 多岁高龄，数十年如一日、遵循古法的绘画是他的修行。虽然相隔崇山峻岭，但是在他的画作中，大花黄牡丹的身影并不陌生。

在唐卡的装饰图案里，处处可以看到各色牡丹的造型。唐卡中的黄色牡丹是象征着如意的花。

　　黄色牡丹的含义有很多，由于花色稀少，寓意着傲视群芳的高贵和生命的可贵；传统文化中，认为黄色牡丹是恩赐长寿、幸福和快乐的花，又称它为"寿花"；黄色是生机勃勃的颜色，所以也象征着勇敢和自信等。黄色牡丹，因其美好的寓意广受喜爱。

濒危物种，艰难生存

　　新种子正在花蕊中孕育，生命的修行才刚刚开始。

　　大花黄牡丹，只分布在雅鲁藏布江河谷和山坡林缘 70 千米的狭长地带。这种喜马拉雅的特有植物，因为结籽率、种子自然萌发率、幼苗转化率都很低，野生种群濒临灭绝，仅存 6000 余株。

　　为数不多的野生种群中，成年结籽的大约只占 20%。尽管种子的数量可观，但大部分都成了昆虫和小动物的美餐。即使一切顺利，这些种子，在至少 6 个月的休眠期后，最终能够萌发的，也只有千分之一。

左页图：唐卡上的大花黄牡丹
一

右页图：野生的大花黄牡丹

就算到了幼苗期，还要过一道难关。由于成年植株都非常高大，对幼苗来说，就是"遮天蔽日"，甚至"暗无天日"，这样的日子导致很多幼苗营养不足，中途夭折。

而要长到 60 厘米以上，能够开花结种的成熟植株，还需要 3 ～ 5 年的漫长时间，达到 3 米高度的大花黄牡丹，更是需要生长 10 年以上。

硕大的植株，漫长的繁衍周期，让它们变得极其珍贵。这些被大自然筛选出的生命，来之不易。

目前，大花黄牡丹已被列入中国《国家二级保护植物名录》和《世界自然保护联盟濒危物种红色名录》，面临着种群绝灭和种质资源丧失的危险。

第五章
守护共同的未来

　　喜马拉雅的种子，穿越时空，来到世间。它们随遇而安、厚积而薄发，可以长途跋涉，也能深藏蛰伏。它们不仅仅为这里生存的人们增添了色彩，也与人类相互依存、演变进化。它们融为青烟抵御浊气，也变身粉末祛病救人。每一颗种子，都是生命的象征。

　　喜马拉雅宛如一只宝箱，保存着亿万年来海陆沧桑遗留的奇珍。但由于气候变化与人类活动，这里的植物正面临着严峻的挑战，依赖这些植物生存的物种也面临生存的危机。

　　我们要如何保护这些自然资源，喜马拉雅的将来又会如何呢？

　　植物学界的专家学者们正在行动。

请扫码观看本章精彩视频

5.1

人工播种塔黄，
希望的小苗健康成长

对于植物学家来说，去探望曾经研究过的植物就像是去拜会老朋友。

通向高原的道路绝不平坦，但植物学家方震东还是驱车几百千米来探望塔黄。

作为高山流石滩上的明星物种，塔黄开始受到越来越多的植物爱好者和摄影爱好者的关注，但这对塔黄来说意味着更大的风险。再加上时常有塔黄植株被破坏的消息，方震东坐不住了，他决定尝试在野外人工播种塔黄。

2013 年，他在三片荒坡上亲手播撒了塔黄种子，之后的每一年，他都要数次翻山越岭来到这里查看它们的长势。

每次探访，方震东都要认真地对塔黄的生长面积进行测量，还要一棵一棵地记录塔黄长了几片叶子，比较一下今年比去年又多长了多少。

左页左图、右页图: 方震东研究员

左页右上图: 人工种植的塔黄

左页右下图: 现场测量塔黄成活区域的面积

"一二三四五六七," 数着塔黄的叶子, 是方震东最为开心的时候, "现在没有开花的植株, 今天看到有一株长得特别大的, 有 9 片叶子, 估计明年就能开花。这也说明了我们高山植物非常不容易, 生长缓慢, 从一颗种子到要开花, 可能需要 9 ~ 10 年的时间。"

方震东一共种下三片塔黄, 如今活下来的只有这一片。道路崎岖艰险, 但他仍然坚持每年几次来观测研究。

宽大的叶片预示着塔黄已进入了良性的生长周期, 但这并不意味着未来无忧, 每一株高原上生存的植物都要面临无尽的挑战。

233

5.2
"巨柏回归"计划,
重塑濒危物种群落

中 文 名：巨柏

拉 丁 名：*Cupressus gigantea*

别　　名：雅鲁藏布江柏木

分　　类：柏科，柏木属

生长环境：常在海拔 3000 ～ 3400 米沿江地段的河漫滩和有灰石露头的阶地阳坡的中下部，组成稀疏的纯林

国内分布范围：西藏雅鲁藏布江流域的朗县、米林等地，甲格村以西分布较多

植物
名片

巨柏的烦恼

雅鲁藏布江，发源于喜马拉雅山北麓的杰马央宗冰川，是中国最长的高原河流，也是世界上海拔最高的大河之一。它的江水滋养了这片土地，也孕育出了许多喜马拉雅特有物种，巨柏就是其中之一。巨柏是中国特有种，也是目前西藏记录过的最粗的乔木树种。

巨柏，仅分布于西藏雅鲁藏布江流域的朗县、米林等地。数千年前，巨柏的种子依水漂流而下，在沿江的河漫滩及阳坡上，形成了今天雅鲁藏布江沿岸 200 千米、垂直海拔 3000～3400 米的林带。

由于生长缓慢，这些体形看上去并不大的巨柏，实际树龄可能已经几百年。

巨柏的树皮纵向开裂成条状，树上布满密密麻麻的绿色鳞片状叶子，称为鳞叶。鳞叶交叉对生，长在四棱形的粗短小枝上，呈现勃勃生机。

然而，巨柏种群正面临着传宗接代的烦恼。

巨柏以种子作为主要的繁殖方式，自然掉落，然后生根、发芽。巨柏的种子，藏在球形种鳞之内，每两年成熟一次。可是，巨柏种子的活力和结实率太低。研究发现，树龄在 500～1000 年的巨柏是结果旺期，但处于结果旺期的巨柏仍有 70%～80% 的成熟个体不结果或结果极少。在自然条件下，巨柏种子萌发困难，种子

左页图：巨柏的果实

—

右页左图：巨柏王

—

右页右图：大棚里的巨柏树苗

活力平均只达 34.6%。这被认为是巨柏濒危的重要原因。

环境影响也是一个不可忽视的因素，目前雅鲁藏布江河谷两岸沙化较为严重，气候条件相比以前也有了一定的干旱化趋势。生存环境的不断恶化，使得巨柏种群的更新更加困难。雅鲁藏布江下游，再也见不到从前那样密集的巨柏种群。

松鼠的乐园

与雅鲁藏布江边零星分布的巨柏不同，在林芝巴结巨柏自然保护区，有一片分布集中的巨柏林。中间有一棵 2500 多岁的"巨柏王"，是中国天然生存柏科家族中树龄最长、直径最大的巨树。

它高 50 米，直径近 6 米，10 个成年人都无法完全围抱，被当地人称为"神树"。

这片巨柏普遍树冠较大，看上去更加健康，枝繁叶茂，苍劲雄伟。它们每年掉落数量可观的成熟果实，但奇怪的是，这里几乎见不到年幼的巨柏。

难道跟小动物有关吗？这些粗大的巨柏给松鼠提供了栖息之地，也同时给它们提供了取之不尽的食物——巨柏球果。这里，是松鼠的天然乐园。松鼠行动敏捷，善于攀爬和跳跃。在树下看到这些小家伙在巨柏枝上跳来跳去，犹如一个个跃动的小精灵，和这片巨柏林构成了一幅和谐美妙的生命图景。

是松鼠的取食影响了巨柏的繁衍吗？专家们否定了这种猜测。他们发现，松鼠取食和埋藏巨柏球果的行

为，其实能够帮助种子的迁移和萌发。

那么，究竟是什么原因让这里始终长不出苗壮的年轻巨柏呢？

专家们有了新的猜测：在一年里的某个季节，这一带青草比较少。但是巨柏的幼苗，一年四季长青，很有可能是被动物当作青草吃掉了。

"巨柏回归"计划

巨柏，有植物界"活化石"之称，被列为国家一级重点保护植物。

为了使巨柏的种群数量得到有效提升，当地林业部门正在努力尝试人工培育。

左页图：巨柏与松鼠

—

右页图：护林员收集巨柏果实

护林员每年都要收集成熟的果实，带回实验室。

在西藏自治区林木科学研究院的大棚里，从雅鲁藏布江边采集回来的种子，经过数年的培育，已经枝繁叶茂了。

科研人员们有个长远的计划，称为"巨柏野外回归工程"。他们会持续进行科学引种和人工种植，等到幼苗长到适合移栽的苗龄，就将它们引入适合生长的自然环境中，以此来不断壮大巨柏野外种群数量，提高其自然更新和繁育能力。

也许，不久的将来，在雅鲁藏布江边，将形成一片新的充满生机的巨柏群落。

铲除印加孔雀草，
保护原生环境

中文名：印加孔雀草

拉丁名：*Tagetes minuta*

别　名：臭罗杰

分　类：菊科、万寿菊属

生长环境：海拔 750 ～ 1600 米的山坡草地、林中

分布范围：原产于南美洲南部，现广泛分布于北美洲、欧洲、非洲、亚洲、
　　　　　大洋洲等世界 20 多个国家和地区，现已在我国多个地区发现

植物
名片

印加孔雀草入侵

许多像巨柏这样独特而濒危的物种，它们不仅要努力适应变化的生态环境，还要迎接外来植物的入侵挑战。

在西藏山南地区，出现了一种从未见过的野草，它们散发出强烈的刺鼻气味，经久不散。这就是印加孔雀草，原产于南美洲，它在世界范围内的名声都不太好，被多个国家和地区定义为入侵物种。

目前，印加孔雀草传入我国的途径还不清晰，植物专家推测可能是引进海外的花卉种苗时带入的。我国首次发现印加孔雀草，是在 1990 年的北京植物园。2006 年在中国台湾中部高山地区发现有归化种。近年来，在河北、山东、江苏、江西等多地发现了印加孔雀草，并且呈现出爆发扩张危害本土植物的趋势。

作为"世界屋脊"的青藏高原，环境恶劣，通常不利于植物的生长发育，因此科学家们通常认为青藏高原自有生态屏障，可以阻止外来入侵植物的生长繁殖。但现在发现，印加孔雀草已入侵高原，在拉萨周边以及山南、林芝等地区，都出现了明显的植物入侵现象。

有印加孔雀草的地方，种菜，菜长不出来，种青稞，青稞没有收成。这些野草的出现让原本耕地就稀缺的人们头疼不已。

左页图：科研工作者野外实地研究　/　右页左图：传粉昆虫与印加孔雀草　/　右页右图：印加孔雀草的花

印加孔雀草为一年生草本，大部分植株可达 2 米以上，甚至可以长到 2.5 米。高挑的个头使它与其他植物竞争生存空间、阳光、养分时，优势非常明显。如果不加以控制，印加孔雀草的到来堪比"植物杀手"降临，一旦大面积爆发，周围的本土植物几乎无法生存。

印加孔雀草为何如此"霸道"？

谁也说不清印加孔雀草究竟是怎么来的，又是如何会传播得这么快的。这引发了高原生物专家的关注。

中国的科研工作者已连续多年对印加孔雀草进行野外实地研究，调查发现，印加孔雀草虽然是南美洲物种，但是它在青藏高原适应得非常好。只要温度和水分条件合适，随时可以萌发，随时可以生长。在短短的生长季，繁殖器官就可以形成。

印加孔雀草具有非常强大的适应能力，无论土地是干旱、盐碱还是贫瘠，它完全不挑，都能蓬勃生长。落地生根之后，便开始疯狂地繁殖。

印加孔雀草单株种子产量极大，一株 1 米高的印加孔雀草，种子数量可达几万粒，是一株青稞所含种子量的上百倍。巨大的种子数量，让印加孔雀草有了更多的繁衍机会。

通过实地考察，科研人员还发现，印加孔雀草刺激的气味并不会像贯叶马兜铃一样驱避动物。相反，牛羊的粪便可以帮助它的种子萌发，昆虫可以把它的花粉带到远方。目前科研人员已确认有 12 种昆虫可以给印加

孔雀草传粉。这说明印加孔雀草已成功地融入了当地的传粉网络，达到了繁殖的目的。

　　种子数量多，加上高效的传播，印加孔雀草已经占领了不少土地。一旦它进一步入侵山谷中的原生种群，那里人力少，植物环境复杂，对原本就很脆弱的原生植物而言，无疑是雪上加霜。

行动起来，反击入侵者

　　在人们眼中，这种生命力极强的野草，如同一场植物"瘟疫"，威胁着他们

左页图：科研人员进行实地研究

右页图：人工拔除印加孔雀草

和庄园的生存。只要有印加孔雀草生活的地方，其他植物的数量就会减少。人们必须行动起来，反击入侵者。

对这种反击，生物科学家们建议主要采取两种方式：物理防治和化学防治。

物理防治，就是在种子成熟之前迅速铲除，消灭印加孔雀草的有效种源。印加孔雀草的花期长达 2 个月，可以在开花之前将其连根拔起，来阻断它的进一步繁殖蔓延。

这也是住在山南地区的村民们正在采取的处理办法，通过拔除、处理、填埋 3 个步骤，村民们守卫住了自己的耕地，阻止了印加孔雀草向山谷地区蔓延的步伐。经过不断清理，在这里，印加孔雀草扩增的势头已经得到初步遏制。

另一种方式是化学防治。在非农田地防治时，利用化学药物清除印加孔雀草，当然这种方式对环境也有不利影响。

喜马拉雅山脉曾经是一个天然屏障，外来入侵物种很难进入。但是随着气候变暖，以及交流的频繁，原生植物与原始的生态正在面临更多外来生物的竞争与挑战。人类如果袖手旁观，那么原始生态链的改变也终将影响人类在喜马拉雅地区的生存。

中 国 种 质 资 源 库 ，
保 障 人 类 的 未 来

中 文 名：胡黄连

拉 丁 名：*Neopicrorhiza scrophulariiflora*

分 类：车前科，胡黄连属

生长环境：海拔 3600 ～ 4400 米的高山草地及石堆中

国内分布范围：西藏南部（聂拉木以东地区）、云南西北部、四川西部

植物
名片

上图：果实累累的枝头

收集种子，保存生命的火种

随着季节的变换，喜马拉雅的垂直植物带，从上至下，渐渐进入了秋季。

流石滩上，塔黄披上了橙色的秋装，这是这棵高大的草本植物留在世间最后的影像，它将结束自己漫长的一生。不过，种子已经在苞片内孕育成熟，这个物种还将在高山流石滩顽强延续。

而在高山草甸和灌丛，盛开了一季的鲜花凋谢了。绿绒蒿和杜鹃结出果实，期待来年的盛开。

针叶林带，松柏常青，它们孕育多年的果实也在这时成熟。

回到阔叶林带，层林尽染。这是色彩斑斓、果实累累的季节。

当植物的种子纷纷发育成熟，也是西藏种质资源库的科学家们最繁忙的季节。他们行走在大山之间，小心、仔细地收集各种植物的种子。西藏种质资源库保存的种子，给生活在这里的植物的多样性和独特性提供了证明，也为美丽而脆弱的大自然保存了生命的火种。

除了地面上的种子，还有大量的种子在地底下，形成了土壤里的种质库，很多一年生的植物到来年春暖花开的时候就从土里发芽了。

探寻野生胡黄连

珠穆朗玛峰西坡的聂拉木，拥有丰富的地貌类型，加上差异较大的气候条件，孕育出了许多独特的山地植物和药物资源。但是，山地气候多变、地形复杂、水汽弥漫，成就了植物的生长，也成为阻止人类进入的天然屏障。也正因此，聂拉木有时被称为"地狱之路"。

一支植物科考队正艰难地行进在这条路上，他们是中国西南野生生物种质资源库的种子采集员。这是他们在这个年度最后一次进藏科考。不久，这里将大雪封山。他们要赶在冬天到来前，采集西藏野生胡黄连的种子。

野生胡黄连是濒危物种，它们通常生长在水汽丰沛的高山草甸带，阳光照不进的石头缝是它们首选的蜗居地。胡黄连的花柄加花序，长度不超过3厘米，非常小的一点点，因此，想要在这广袤的高原上找到它们的身影，并不容易。

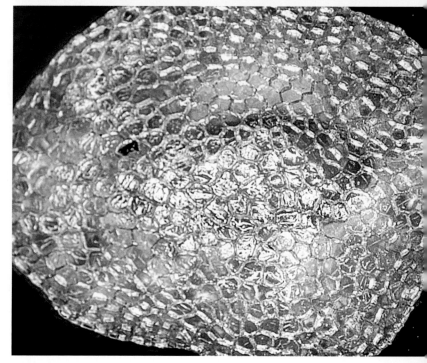

种子采集员们拿着50多年前的记录按图索骥，他们在高海拔地区徒步近3个小时，终于来到群山峭壁间的一片草甸，这里与记载的野生胡黄连生长环境非常吻合。

左页上图：种子采集员探寻野生胡黄连

—

左页下图：显微镜下的野生胡黄连种子

—

右页图：已经结种的野生胡黄连

傍晚逼近，终于找到了野生胡黄连！

胡黄连，多年生草本植物，根状茎圆柱形，具有药用价值。这是中国西南野生生物种质资源库第一次采集到野生胡黄连的种子。

一次完整的科学采集，不仅要求保存完整带花和叶子的植株，以便之后做成标本，还需要详细记录根茎、叶片的长度和色彩等信息，供进一步的科学研究之用。

这些种子经过严格的处理后，会被存入中国西南野生生物种质资源库。作为中国最大的种子库，这里存有野生植物种子达10000多种，最长的可以保存200年。在全球气候剧烈变化的今天，一颗颗小小的种子，保障的有可能是全人类的未来。

透过显微镜，小小的种子蕴含着不为人知的美，正如这个被种子所孕育的大千世界，科学家们正努力地保护它们。保护好种子，就是保护子孙后代赖以生存的世界。

5.5

结　语

　　这就是青藏高原植物的故事，它们在这神奇的高原上生存、繁衍，默默无言，却又个性迥异。它们是征服者，展现出无与伦比的生存意志与智慧。它们也是先行者，使更多的生命，包括我们人类，踏上这片土地成为可能。

　　喜马拉雅，历经亿万年沧桑，从无垠大海成为世界之巅。

　　青藏高原，仿佛远离尘世，却与人类命运息息相关。

　　这里的生命，智慧而顽强。

　　这里的种子，微小却孕育希望。

第六章

亲历者说

6.1
让第三极植物走向世界

张胜邦　青海山水自然资源调查规划设计研究院高级工程师

　　翻阅《喜马拉雅的种子》拍摄的"影像"日记，从祁连山脉至喜马拉雅山脉，经过青海的玛多、玉树、囊谦，西藏的类乌齐、波密、墨脱；又从喜马拉雅山脉到横断山脉，经过西藏的察隅，云南的香格里拉，四川的甘孜、色达，青海的班玛、同仁，回到了西宁。尔后，从青海的河湟谷地西宁出发，到柴达木盆地格尔木、茫崖、德令哈、乌兰。沿途的草原、森林、湿地、荒漠各类植被景观美不胜收，春夏秋冬的身临其境，有时会有点后怕，却又回味无穷。

　　历尽千辛万苦，得到丰收的硕果，纪录电影《喜马拉雅的种子》上映，图书《喜马拉雅的种子》出版，这是摄制组集体智慧的结晶，大家都深感欣慰。中国科学院植物研究所暨国家植物园的张宪春研究员，作为多次纵横青藏高原科学考察的学者，不但指导摄制组对姹紫嫣红植物的识别，讲述植物故事，而且深入研究植物科学，用影像形式传播科普知识，通俗易懂，让全世界人民了解青藏高原的植物多样性。纪录电影的总制片人曲丽萍，虽然有高原反应，户外条件艰苦，但她亲力亲为，柴达木沙漠处处留下了她的身影。制片人申延波，从

左页图、右页左上图：摄制组工作中

———

右页左下图、右页右图：张胜邦高级工程师

日出坚持到日落，不放过每一个瞬间，对墨脱蚂蟥的恐惧，也挡不住热带雨林参天大树的吸引，柴达木飞沙走石的戈壁，也阻挡不了德令哈铁角蕨新种的诱惑。

　　图书《喜马拉雅的种子》的出版，让第三极植物走向世界，让世界了解青藏高原。从我做起，从娃娃抓起，保护我们共同的美丽家园。

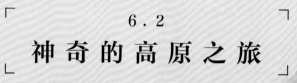

6.2

神奇的高原之旅

申延波　纪录电影《喜马拉雅的种子》制片人

　　在为本书配图找资料的过程中，我再次翻看了全部的拍摄素材和照片，过往几年的拍摄经历如电影画面般一幅幅呈现。

　　2019年3月，我接到纪录片项目负责人曲丽萍老师的电话后，立即收拾行装前往中国科学院昆明植物研究所。原以为这只是一次寻常的项目调研，可参观完中国西南野生生物种质资源库后，我被深深地震撼——原来种子可以那么美，原来中国的科学家们在我们看不到的领域，为保护物种多样性和全球的生态安全默默地做了那么多事情。这次调研，让我对生态纪录片、植物、种子都产生了浓厚的兴趣。

　　曲丽萍老师一直强调："目前国内外都没有系统介绍青藏高原珍稀野生植物的影片，这个项目对我们而言虽是挑战，但更是机会，我们应怀着敬畏之心去

拍摄、制作这部影片，让它具备资料、科普等多重价值的同时，还能对中国生态纪录片的风格进行新的探索。"

　　在筹备、摄制过程中，我们深入调研每种植物的特性，与植物学家充分沟通，并邀请他们作为指导随组拍摄。曲丽萍老师要求摄制组在拍摄过程中要极力保护植物的生长环境，尤其是濒危物种，尽可能不造成任何干扰和改变。它们穿越过历史长河，是自然界留给人类的瑰宝，需要我们用尽全力加以保护。

　　拍摄过程中摄制组遇到了高原反应、泥石流、塌方、交通事故、汽车抛锚等各种各样的问题，但我们坚定着要"制作出一部高质量纪录片"的信念，跨过险阻，相继完成了纪录片《第三极之植物王国》和纪录电影《喜马拉雅的种子》。

在高海拔的青藏高原拍摄难度非常高，很多拍摄地点是车辆无法到达的，摄制组人员需要背着沉重的摄影器材，爬山数小时才能到达拍摄地。高海拔、低气温对人员和器材来说都是很大的挑战，低气温情况下设备电池性能大大下降，我们只能脱下自己的衣服给设备保暖。

2021 年去墨脱县背崩乡原始森林拍摄蕨类植物，出发前植物学家张宪春教授提醒大家要注意做好防护，背崩乡的蚂蟥非常多。我们赶紧在网上购买了养蜂人穿的装备，以为这样可以护卫周全，可是当我们到达森林后才真切感受到张老师说的"非常多"是什么概念，目光所及的所有植物上全是蚂蟥，甚至一片叶子上就多达 5 只，养蜂人的装备根本不足以抵御"肉香"对蚂蟥的吸引力，每个人身上都爬满了这种黑黑的软体动物。原本如细针大小的蚂蟥，吃饱了血撑得圆鼓鼓的，咬

左页图：采访洪德元院士

—

右页 5 幅图：摄制组工作中

左页 2 幅图、右页 3 幅图：
摄制组工作中

过的伤口不易愈合，且会留疤，3 年过去了，手臂上依然有这种小家伙留下的几处痕迹。刚开始时大家还会互相提醒对方身上有蚂蟥，拍摄 1 个小时以后，当又有人提醒有蚂蟥的时候，只会听到波澜不惊的"哦"的一声，然后很淡定地从肉里把它们拔出来扔掉。离开森林时，随组指导的另一位植物学家卫然老师，从一只鞋里倒出了 24 只蚂蟥，全身上下找到近百只。这是一次难忘且"血腥"的拍摄经历。

拍摄过程中我们走过了各种各样的地形、地貌，高山冻土、高山流石滩、高山草甸、热带雨林、沙漠、湖泊、盐碱地、喀斯特地貌等，见识了造物主的神奇，领略了祖国的大好河山；我们结识了植物学院士、植物分类学专家、种子采集员，了解了他们为改造、利用、保护植物资源做出的贡献；认识了为保护家园，拔除外来物种"印加孔雀草"的藏族同胞……

植物是美丽的，它们为我们的生活带来色彩和生机；植物是伟大

的，它们不仅仅为我们提供食物，更是撑起了我们的家园；植物是顽强的，为了生存和繁衍，它们演变进化，适应环境。每个植物都有自己生存、进化的故事，《喜马拉雅的种子》是对高原植物的礼赞，也是读者了解高原植物的窗口。

每一种植物和种子都是上天的馈赠，都是生命的象征。

6.3
有挑战，也有偶遇
的惊喜

唐欣荣　　纪录电影《喜马拉雅的种子》导演

墨脱，中国最后一个通公路的县城，通路之前仿佛与世隔绝。

如今，去墨脱不难，和中国其他地方一样，在墨脱也常能见到老年人组成的旅行团。但是真的去了一趟，发现也真不容易。

墨脱位于喜马拉雅南坡，所以驾车去墨脱，就必须要跨越一段山脊——嘎隆拉山，平均海拔 4800 米。以前要翻越垭口，如今通了隧道。

从扎木镇出发，走向上的盘山路，先是平坦的水泥路，接着路况开始变差，就像撕掉表皮露出肋骨，路面已是一条一条石板。我们从林芝租了一辆中巴，一路开到这里，它可怜的避震系统很难应付这种颠簸，只能小心缓慢地"爬行"，看着身边的各种车一辆辆超过。

有的地方，山上流下的溪水直接穿过路面，没有桥也没有涵洞。有的地方能见到泥石流冲下的痕迹，整片连树带土从山体上剥落。

左页图：拍摄全缘叶绿绒蒿

—

右页图：报春花

几个小时后，看见了嘎隆拉山。离开了一路崎岖的山路，来到了一片巨大而平坦的山谷，前方的嘎隆拉山就像《冰与火之歌》的北境长城，横在眼前。山脚下有个小孔，那就是全长 3310 米的"嘎隆拉隧道"。穿过隧道，对面就是墨脱县地界。

环视这个山谷，北面是公路狭窄的入口，南面是高耸的嘎隆拉山，东面有一处冰川，西面可以见到雪山顶，风景不错。我们想拍摄一些嘎隆拉山的航拍镜头，但是无人机操控员评估环境不能起飞。这里太潮湿了，空气中弥漫着水雾，还常常飞着雨丝。虽然我们还位于喜马拉雅的北坡，但是已经感受到丰富水汽的影响了。

我们在隧道上面发现了一株全缘叶绿绒蒿，这是我们从云南西南一直到西藏色季拉山都在拍摄的高山植物，这里正可以表现一朵花在冰川和雪山之下顽强生存的场景。元奇布置完移动轨道，拍摄任务交给助理，他突然说想往山上走走，传说那里有"异花"开放。

全缘叶绿绒蒿拍摄结束，电话响了，元奇来的，声音时断时续，听上去他好像发现了什么，语气很兴奋。没说几句，信号就又没了，好像是让我们也往山顶去，我们只好扛着设备也往上走。

左页 3 幅图、右页图：摄制组工作中

好在上山有路。废弃的国道老路还在，虽然不再维护，也不允许车辆通行，却给登山者提供了便利，就是沿盘山老路来来回回多绕几圈而已，比硬爬轻松多了。路面年久失修，到处是积水、落石，但对步行来说都不是事儿。

走着走着，到半山腰，"老路"一头钻进了积雪，路不见了。这反而带来了更大的方便。汽车无法逾越积雪，人却能走。这一大片积雪在上下各层山路之间，铺上了平滑的"斜坡"，反而成为登山的捷径。向上走过这积雪，可以一下子跨越好几层山路呢。

山上的天气，比山下更多变，抬头看山顶云雾缭绕，云层很厚，但是动得很快。天多数时间是阴沉的，偶尔露出点太阳，时而刮来一阵大雨。不知道来来回回折返了多少个弯道，终于快到山顶。元奇正在等我们——看，传说中的"异花"！

就在雪山的边上，成片鲜红色的杜鹃正在盛开。这么火红的杜鹃，我们一路从滇西北的白马雪山，再到拉萨、林芝，走过米拉山和色季拉山两个山口，都没有见过。

还有十分罕见的深红色秆的报春花。报春花在滇藏一带很常见，多是紫色、黄色和粉红色的，突然见到深红色的，更显娇艳婀娜。

到了山顶之后，一直在下雨。我们在花边待了很久也没有停。只能在雨中完成拍摄。

正是雨季，现在去墨脱的路很不好走。

5 个月后，入秋了，再次往墨脱进发。

6.4
拍一首诗送给您

刘 佳 纪录电影《喜马拉雅的种子》导演

　　我不是教授，不是政治家，不会说如何保护环境，或者发表批评意见，我只想通过镜头让观众在情感上被触动，这远远比上课、说教重要得多。因为有了记忆就不会忘记，非强迫的感动才能持久、永恒。

——雅克·贝汉

　　我的内心一直有一个诉求，希望拍摄制作的自然类纪录片能够超越身在现场的感受，每一个故事，都是一份从藏区带给观众的礼物。它不只是理性的科普，更可以是一首用光影、现场声、画面、音乐组成的散文诗。

　　对影视表达来说，首先来自拍摄技术和表现风格的设定。我的原则是：让习以为常变得精美绝伦，把每一个平凡细节都展现得不凡。

左页 4 幅图、右页 2 幅图：不同技术拍摄出的画面效果

一、光线：侧光、逆光、侧逆光！

尽可能不采用顺光、平光的用光思路，即便是在户外的自然光下。

当拍摄藏香时，我们利用窗帘的缝隙，在室内营造了自然的侧逆光束，任由香烟缭绕出奇妙的造型；在吞巴村的水磨藏香，侧逆光让我们得到了晶莹剔透的水花；拍摄藏木香种子落地时，我们伏地拍摄，借助阳光，在叶脉上获得了种子落下的剪影；而拍摄随风飞翔的藏木香种子特写，我们就地取材，用蜘蛛丝悬挂种子，逆着阳光在镜头前吹动，这样相对可控地抓取种子遮挡阳光的瞬间，刚好身处焦点的一刻，经过十几次的尝试，终于得到了一个成功的镜头。

二、拍摄：运动、运动、动起来！

如同努力拍摄飞舞中的种子，我们尽可能让每一个画面内容都动起来，避免静止呈现。如果摄影机没法动，那就让内容对象动起来，如果内容也没法动，那就让光影动起来……这一点看似容易，但实际上需要倒逼着我们为每一个画面都精心设计运动的起幅和落幅，甚至改变讲述的视角，切换到种子的主观角度，把它们当作真正的主角。

拍摄青稞拔苗时，我们在宾馆搭建了专门的延时拍摄空间，在宾馆留下 1 人日夜坚守。最终，在成片中所看到的 20 多秒青稞生长、抽穗等珍贵过程，就是在这 7 天 7 夜的不间断拍摄中获得的。

三、用特殊设备表现平凡

尽可能使用航拍、GoPro 等设备的特殊视角，表现平凡生活。

万亩农田的航拍，我希望不仅仅只是大美的空境，还需要有细致的叙事功能。在镜头设计上，我构想了一个时空转场，需要无人机镜头在绿油油的青稞田叶片之间贴近穿梭，距离甚至近到叶片拍打、遮蔽镜头，然后直接转场过渡。

但现实是，无人机一旦低于安全高度或检测到障碍物，就会紧急避障，自动停止。最终，我们把避障关掉，让无人机的镜头几乎完全浸在青稞田中，只剩4个螺旋桨高举在植株上方。这应该是对无人机的一种极限使用了，稍有差池就可能发生意外，但为了这样一组镜头，我们努力不留遗憾。

四、声音：种子才是主角

要想让种子和植物变得活灵活现，成为片中真正的主角，声音的作用不可忽视。原本为人的行为动作而准备的"后期拟音"，在这部影片中，则主要服务于种子、植物的各种动作、行为、自然变化。所以在影片中，观众所感受到的大黄种子掉落、游水、发芽，青稞根茎生长、拔节、叶片冰霜融化、藏木香、大花黄牡丹花蕊盛开、种子霉变等声音，都是后期特意的拟音设计。

而我们在现场拾音的各种人类活动声，则降为影片的环境声和画外音，但它们也同等重要。除了快速准确地勾勒出独特地域属性，每种人声都更像是一种诗意的外化，犹如沁人心脾的华贵绿叶。

如果技术是"写诗"的笔，那么"生命"就是这首诗的灵魂。而对于拍摄"这首诗"来说，

如同经历了一场场时空跨越。

藏历新年，叩长头转山的一家人围在一起吃着青稞磨成的糌粑；

路边藏族人家的后院，开放着各种花期的藏木香；

精美的藏族服饰，散发着大黄的山野气息；

80多岁的唐卡老人，并不知道画作中的牡丹花远在800千米之外含苞待放；

白石滩上挥鞭的小牛娃，可能一辈子也不知道，自己笃定的眼神曾经触动了多少城市中的灵魂……

这些平凡的日常，就如同一颗颗种子，却也蕴含着未知的不凡。

有些记忆，我甚至都不曾与家人分享，但是我想我实现了我的初心——即使您身在现场，即便您身为藏族人民，也未必曾看到和了解我带给您的画面与故事——这是我送给您的礼物。

左页3幅图、右页4幅图：摄制组工作中

6.5

写给高原生命的赞歌

杨凯迪　纪录电影《喜马拉雅的种子》制片人

如果没去高山流石滩，我不知道远看像不毛之地的砾石中有那么多美丽的生命，也不知道塔黄孤独高傲的外表下藏着一副乐于助人的热心肠；

如果没去香格里拉，我不知道毫不起眼的马先蒿有那么多的造型，只为执着地维持着种群的多样性；

如果没去格尔木，我不知道沙漠中的柽柳在根部大量裸露的情况下，还能拥抱着一堆沙土倔强生长；

如果没去茫崖，我不知道在一望无际的盐碱地戈壁滩，盐角草顶着满身的盐粒在盐水中也能活成一片风景……

如果没去青藏高原，这些，我真的都不曾知道。

在那么严酷的环境中，高原上的植物，以我们意想不到的方式，为自己争取了一线生机。

左页上图依次：塔黄、斑唇马先蒿　/　左页下图：柽柳包

右页上图依次：盐角草、蕨类植物　/　右页下 2 幅图：高原上盛开的花朵

一、自己要有"真本事"

　　生命是自己的，要由自己做主。这个道理很多植物都懂。

　　自带"棉袄"的雪兔子、自制"多功能外套"的全缘叶绿绒蒿、自建"温室"的塔黄、用孢子繁殖的蕨类植物、拥有多种"离家出走"方式的沙拐枣、无盐不欢的盐角草、种子发芽最快的梭梭……

　　它们，无法改变环境，但可以不断地适应环境，练出过硬的防寒、防旱、耐盐碱、利繁育等功能，让自己在第三极拥有一席之地。

二、"团结互助"很重要

利他，然后利己，这条人类社会的通行法则，很多高原植物运用自如。

这种相互帮助的关系在高海拔地区更加明显，不同种类的垫状植物，懂得"抱团取暖"，因此也吸引了更多的植物向它们靠拢，一起簇拥生长，形成了适宜生存的小环境。它们对于掉落在垫状体上的其他植物种子也非常慷慨，不仅遮风挡雨，还提供水分和营养，直到呵护种子发芽长大。

并且，这种互助并不局限于植物之间，在植物与动物之间也出现了一些互利互惠的典型。比如塔黄与迟眼蕈蚊的"约定"：你帮我传粉，我为你育儿；长喙虻完全依靠紫花象牙参存活，同时它也成为紫花象牙参最忠诚、最高效的授粉者；冷杉为松萝和滇金丝猴提供栖息地，滇金丝猴以松萝为主食，通过控制松萝的数量来避免冷杉"窒息"而死。

当然，也有看起来是完全利他不求回报的，像贯叶马兜铃是达摩麝凤蝶生命中唯一的依靠，雪层杜鹃是喜马拉雅旱獭的美味零食。

于高原植物而言，"互助"不是一个需要权衡利弊的选择，而是它们生存的本能。每一个生命，都是有朋友的。

三、人类呵护少不了

人类，也是高原生态中重要的一环，在高原上处处留下了自己的痕迹。

高原的植物，默默地奉献着，潜移默化地融入了人类的衣、食、住、行，使人类在高原上生活成为可能。

但随着社会变化和人类影响的加剧，原本就脆弱的高原生态不堪重负，很多高原植物濒临灭绝。

纪录电影《喜马拉雅的种子》，图书《喜马拉雅的种子》，是送给高原植物的赞歌，赞美极端环境中生命的坚韧和顽强，也是保护高原生态的倡议书，呼吁人类减少干预、珍爱环境。

保护喜马拉雅的种子，也许，就是在保护人类的未来。

左页图：垫状植物

—

右页图依次：紫花象牙参与长喙虻、
达摩麝凤蝶的幼虫、塔黄、
墨脱的茶园

一、科研单位（排名不分先后）

中国科学院植物研究所
中国科学院昆明植物研究所
中国科学院青藏高原研究所
中国科学院南京地质古生物研究所
中国西南野生生物种质资源库
复旦大学生命科学学院
西藏自治区高原生物研究所
西藏种质资源库
西藏大学生命科学学院
西藏农牧学院
西藏自治区农牧科学院
西藏自治区林木科学研究院

二、科研人员、专家学者（排名不分先后）

洪德元	张宪春	孙　航	杨永平	卢宝荣	钱晓茵	蒙乃庆	方震东
安才旦	兰小中	罗　建	土艳丽	李庆军	李建国	王立松	陈　高
张　挺	刘　成	南　蓬	张胜邦	张　林	卫　然	方　强	扎西次仁
王　孜	武泼泼	仁　增	牛　洋	宋　波	索南措	米　超	
方江平	禹代林	曾秀丽	赵艳宁	纪明波	杨　梅	尼玛扎西	

三、摄影师（排名不分先后）

吴元奇	谢光辉	王　言	郭　鹏	王绪杰	朱世俊	申延波	张　东
王立国	张二虎	于博洋	李宝勇	李牧泽	梁　鑫	付士林	李牧蔚
周　飞	戴　焘	郭广铮	申燕凯	宋文甲	彭　晨	Husain	田明镜

四、参考网站

中国植物志